IRON AND STEEL HERITAGE:
BLADESMITHING

锻刀

滕　欢　刘腾轼　董　瀚　主编

上海大学出版社

图书在版编目（CIP）数据

钢铁志.锻刀/滕欢，刘腾轼，董瀚主编.——上海：上海大学出版社，2025.6.——ISBN 978-7-5671-5348-6

Ⅰ.TG

中国国家版本馆 CIP 数据核字第 20250JD009 号

责任编辑　盛国督
书籍设计　缪炎栩
技术编辑　金　鑫　钱宇坤

鋼鐵誌・锻刀
IRON AND STEEL HERITAGE: BLADESMITHING

滕　欢　刘腾轼　董　瀚　主编

出版发行	上海大学出版社出版发行
地　　址	上海市上大路 99 号
邮政编码	200444
网　　址	www.shupress.cn
发行热线	021-66135109
出 版 人	余洋
印　　刷	上海新艺印刷有限公司
经　　销	各地新华书店
开　　本	710 mm×1000 mm　1/16
印　　张	15.5
字　　数	310 千
版　　次	2025 年 6 月第 1 版
印　　次	2025 年 6 月第 1 次
书　　号	ISBN 978-7-5671-5348-6/TG・4
定　　价	128.00 元

版权所有　侵权必究
如发现本书有印装质量问题请与印刷厂质量科联系
联系电话：021-56683339

《钢铁志·锻刀》翔实记录了"2024 大云锻刀会"中的锻刀过程,深入探讨了刀具的材料特征、锻刀和热处理以及刀具性能评价。内容包括刀具材料类型与化学成分、锻造、热处理、磨削刀刃显微组织的演变,以及适用于实际生产的性能评价。本书以"好钢用在刀刃上"为主题,帮助读者深入理解锻刀背后的科学原理和技术方法。冶金与锻造是古老而"年轻"的科技,本次锻刀会的成功举办,既是向伟大的古代冶金致敬,更旨在激发钢铁冶金与加工领域的从业者找到传统技艺与现代科技的结合点,从而将钢铁冶金技术发扬光大,促进材料技术与工艺的发展。

参编人员

(按姓氏笔画排序)

王 哲	王 博	邓亚辉	艾 进	刘书臣	刘文乐	刘文红
刘仕龙	刘腾磬	牟延杰	纪 钰	李 朋	杨 光	杨 贺
杨 超	杨馥榕	汪杨鑫	张立洲	张洪博	迟宏宵	陆恒昌
陈晓莉	卓树平	易 寒	赵洪山	胡春东	钟明月	党睿博
夏玉琳	夏 瑞	涂玉国	徐乐钱	徐翔宇	徐海峰	徐文杰
郭福建	郭丽雅	陶丽芳	曹 鑫	盛俊杰	崔 波	崔慧军
董逸驰	彭 伟	谢港生	廉心彤	赖建明	蔡周彦	戴宇恒

顾问委员会

委 员

(按姓氏笔画排序)

马党参	王大勇	王天民	王林军	王建锋	王海峰	王 辉
王新江	韦习成	牛恒录	刘正义	刘 宇	吕鸣秋	江来珠
许晓红	孙传国	李 北	李秀程	李积回	李 晶	苟燕楠
杨云峰	尚成嘉	罗海文	金学军	周清跃	郑国荣	单爱党
赵 沛	黄远清	黄明欣	曹文全	曾纪明		

钢铁志

序

铁

铁是宇宙中重要的元素，源于恒星演化。恒星核聚变将轻元素聚变为铁，但铁聚变不释放能量。恒星晚期的超新星爆发和中子星合并会将铁抛射到星际空间。地球形成初期，铁元素在太阳星云的高温下熔化并沉降至地核。液态外核铁的对流运动产生地球磁场，保护地球免受太阳风和宇宙射线侵害，同时维持地球内部热流，驱动板块运动和火山活动。在环境中，铁是海洋浮游生物光合作用的必需营养元素，影响碳循环和气候调节；在土壤中，铁参与养分循环，影响植物生长和生态系统健康。

钢铁的文明

人类使用铁的历史可追溯至公元前 1500 年左右的青铜时代末期，当时人们开始从矿石中冶炼铁，铁器时代随之到来。铁制工具和武器因其坚固耐用逐渐取代青铜制品，推动了农业、战争和社会的发展。此后，铁的冶炼技术不断进步，从古代的块炼铁到中世纪的高炉炼铁，再到现代的钢铁工业，铁始终是人类文明的重要基石。中国饮茶文化源远流长，也与铁有关联。唐代陆羽在《茶经》中记载了铁质煮茶器具"鍑"，其材质与工艺对茶汤品质影响深远。同样，宜兴紫砂壶因含铁特性而独具魅力，铁质赋予其卓越的透气性和保温性。

铁的前沿

铁对自然和人类社会的重要性不言而喻。以上海大学及上海大学（浙江）高端装备基础件材料研究院为依托的高性能钢铁材料团队，在钢铁冶金材料和物质领域取得了卓越成就。他们研发的耐蚀稀土钢技术，显著提升了钢材的耐腐蚀性能；开发的抗菌抗病毒钢铁材料已广泛应用于民生领域，改善了民众的生活品质；团队还研发了一系列高品质特殊钢技术，包括刀具钢、装甲钢、螺栓钢、身管钢等，为国防和工业提供了关键材料支持。

在基础研究方面，团队深耕变形诱导相变、M^3组织调控、多形合金化等前沿理论，持续推动钢铁材料性能的提升。同时，团队将研究视野拓展至铁的特性与应用，积极探索富铁玉米种植、月壤制铁氧、赤泥提铁可行性以及铁的储能潜力等前沿涉铁问题，展现了对铁材料的多维度探索。

《钢铁志》丛书记录了该团队在铁和钢领域的前沿探索与创新实践。这部兼具学术性、实用性和文化传承价值的丛书，以对铁和钢研究的热忱为笔，叙述这一领域的点滴进步。相信《钢铁志》能够为读者带来深刻启发，激发更多人关心和投身相关研究，共同探索铁和钢的无限可能。

2025 年 6 月

钢铁志·锻刀

序

2024年,在中国金属学会的指导下,上海大学(浙江)高端装备基础件材料研究院与广东阳江合金材料实验室联合承办了"大云锻刀会"。活动以锻造工艺为笔触,以厨用切片刀为媒介,展开了一场关于钢铁本质的深度对话。聚焦"材料—工艺—性能—服役",通过四大类39种钢铁材料的锻刀实验,将传统"打铁趁热"的匠人经验转化为可量化的科学语言。以锋利度和耐磨性为衡量标尺,直击刀具性能的微观基因——从晶粒度的精细调控到碳化物分布的优化,从热处理工艺的精准把控到刃口结构的巧妙设计,每一柄刀的诞生,都是材料科学与工程美学的完美共舞。

"千锤百炼方成器,淬火回寒始见锋。"这不仅是对钢铁锻造的生动写照,更是人类技艺进化的生动缩影。一部钢铁文明史,几乎占据了人类技艺进化图鉴的半壁江山。当现代材料科学的深奥理论与千年锻打智慧的古老技艺相遇,《钢铁志·锻刀》应运而生。本书以"大云锻刀会"为舞台,以锋利的刀刃为笔,书写了一段关于钢铁材料的传奇故事。

本书不仅是一部详尽的锻刀活动实录,更是一把解码钢铁材料性能的神奇密钥。通过"大云锻刀会"的丰富实践,我们得以深入洞察:真正卓越的钢材,绝非仅仅是化学成分的单一展现,而是微观组织调控与先进成形工艺的完美协奏。从龙泉古法锻刀传承千年的淬火秘技,到阳江"十八子"引领行业的现代精磨工艺,这场跨越学界与产业界的刀刃革命,必将为人们带来更多深刻的启示与灵感。

这不仅是一场技术与艺术的完美融合,更是一次传统技艺与现代科学的深度对话。在这里,古老的锻打智慧与前沿的材料科学相互碰撞,激发出耀眼的创新火花,为钢铁材料的研究与应用开辟出一片崭新的天地。

愿此书成为材料研究者案头的实验笔记,工匠手中的工艺指南,也为普通读者打开一扇通往"钢铁之魂"的窗口。刀刃之上,科技与人文相互碰撞;锻锤之下,文明与时光交织回响。

本书主编

2025 年 6 月

CONTENTS
目录

前言 / 1

01 刀具钢
Knife Steel / 13

1.1 参会材料：碳钢及低合金钢类 / 19
1.2 参会材料：马氏体不锈钢类 / 24
1.3 参会材料：工模具钢类 / 31
1.4 参会材料：超高强度钢类 / 35
1.5 参会刀具钢总结 / 38

02 刀坯锻造
Blank Forge / 41

2.1 锻造设备 / 44
    2.1.1 锻锤与加热炉 / 44
    2.1.2 手工锻造设备 / 46
    2.1.3 锻造用具 / 48
    2.1.4 安全用具 / 50
2.2 刀坯的锻造过程及刀坯取样 / 51
    2.2.1 刀坯的锻造过程 / 51
    2.2.2 刀坯的锻造工艺要求 / 54
    2.2.3 刀坯的取样 / 58

2.3 碳钢及低合金钢类刀坯的微观组织　　　　　　　　/ 59

2.4 工模具钢类刀坯的微观组织　　　　　　　　　　　/ 62

2.5 马氏体不锈钢类刀坯的微观组织　　　　　　　　　/ 65

2.6 超高强度钢类刀坯的微观组织　　　　　　　　　　/ 71

2.7 刀坯锻造结果总结　　　　　　　　　　　　　　　/ 74

03 刀坯热处理　　　　　　　　　　　　　　　　　　/ 77
Heat Treatment

3.1 刀坯淬火　　　　　　　　　　　　　　　　　　　/ 83

　　3.1.1 淬火原理与工艺　　　　　　　　　　　　　/ 83

　　3.1.2 淬火过程控制重点及易出现的质量问题　　　/ 85

　　3.1.3 加热脱碳　　　　　　　　　　　　　　　　/ 86

　　3.1.4 碳钢及低合金钢类刀坯淬火后的微观组织　　/ 88

　　3.1.5 工具钢类刀坯淬火后的微观组织　　　　　　/ 91

　　3.1.6 马氏体不锈钢类刀坯淬火后的微观组织　　　/ 93

　　3.1.7 超高强度钢类刀坯淬火后的微观组织　　　　/ 99

　　3.1.8 刀坯淬火结果总结　　　　　　　　　　　　/ 102

3.2 深冷处理　　　　　　　　　　　　　　　　　　　/ 103

3.3 回火处理　　　　　　　　　　　　　　　　　　　/ 105

　　3.3.1 碳钢及低合金钢类刀坯回火后的微观组织　　/ 106

　　3.3.2 工模具钢类刀坯回火后的微观组织　　　　　/ 109

　　3.3.3 马氏体不锈钢类刀坯回火后的微观组织　　　/ 111

　　3.3.4 超高强度钢类刀坯回火后的微观组织　　　　/ 117

　　3.3.5 四类刀坯回火结果总结　　　　　　　　　　/ 120

3.4 刀坯回火后的力学性能　　　　　　　　　　　　　/ 121

3.5 四类刀坯回火后微观组织及力学性能结果总结　　　/ 126

04 刀坯磨削加工
Gringding
/ 129

4.1 锻坯刃部磨削加工　　　　　　　　　　/ 132

4.2 刃口磨削　　　　　　　　　　　　　　/ 135

4.3 刀具磨削加工总结　　　　　　　　　　/ 136

05 厨用刀具服役性能评价
Evaluation of Kitchen Knife Performance
/ 139

5.1 服役性能评价标准及测试方法　　　　　/ 141

　　5.1.1 国家标准规定的测试指标及方法　/ 141

　　5.1.2 国内外标准的对比　　　　　　　/ 144

　　5.1.3 其他影响刀具性能的指标及其测试方法　/ 147

5.2 刀具的服役性能　　　　　　　　　　　/ 149

　　5.2.1 锋利度和耐用度　　　　　　　　/ 149

　　5.2.2 刀具刃口的扫描电镜形貌观察　　/ 154

　　5.2.3 刀具刃口强度测试　　　　　　　/ 168

　　5.2.4 锋利度与耐用度的评价　　　　　/ 170

5.3 碳化物对刀具服役性能的影响　　　　　/ 180

5.4 夹杂物对刀具服役性能的影响　　　　　/ 191

5.5 刀具的耐腐蚀性　　　　　　　　　　　/ 193

5.6 刀具的抗菌性和抗病毒性　　　　　　　/ 203

5.7 刀具服役性能评价总结　　　　　　　　/ 211

结语	/ 213
致谢	/ 221
《世界金属导报》专访	/ 225
参考文献	/ 231

前言

俗话说:"好钢用在刀刃上。"刀具的锋利度和耐用度是衡量其性能的关键指标,这对刀具用钢提出了极高的要求。因此,用于制作刀具的钢材通常具有较高的碳含量。目前,常见的刀具用钢包括碳钢及低合金钢、工模具钢和马氏体不锈钢。那么,究竟哪一种材料才是最佳的刀具钢呢?超高强度钢以其卓越的强度、硬度和良好的韧性,是否也具备成为优质刀具钢的潜力呢?

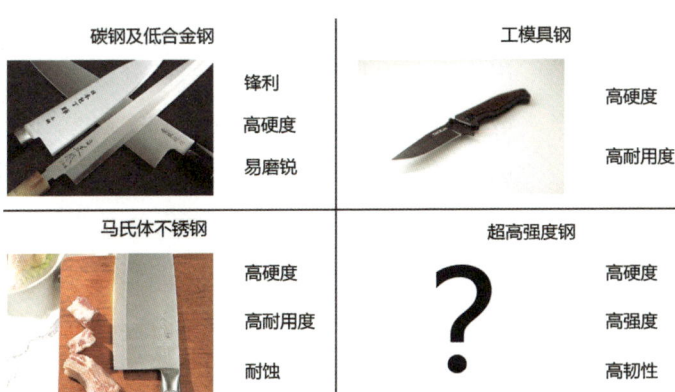

哪种钢材是好的刀具钢?
Which one is the best for knife making?

这个问题的本质在于探究影响刀具锋利度和耐用度的关键因素，其核心目的是明确这些控制要素，从而进一步提升我国厨用刀具钢的品质。在日常生活中，我们常常会发现，我国的菜刀在品质上似乎不如德国和日本的产品，这其中是否与刀具钢的品种和质量有关呢？

在中国金属学会的指导下，2024年，上海大学（浙江）高端装备基础件材料研究院（简称上善院）与广东阳江合金材料实验室联合举办了"大云锻刀会"。本次活动采用传统锻造工艺制备厨用刀具（切片刀），并对其锋利度和耐用度进行科学评价，深入探讨影响刀具性能的材料因素。

"大云锻刀会"吸引了来自钢铁企业、刀具制造商、高校及研究院所的15家单位，8位专家和10位上善院个人的积极参与。他们提供了39种钢材，涵盖了碳钢及低合金钢、马氏体不锈钢、工模具钢以及超高强度钢等类别，几乎囊括了所有可用于刀具制造的钢材类型。

"大云锻刀会"于2024年1月10日正式启动，至2025年1月9日圆满结束，历时整整一年。在这期间，上善院和阳江合金材料实验室紧密合作，经过坯料汇集、刀坯锻造、刀坯热处理等一系列复杂工艺，成功制备出用于厨用刀具的刀坯。上善院分析测试中心对原材料、锻态和热处理态的微观组织及力学性能进行了全面测试，确保每一步骤都符合高标准要求。最终，阳江十八子集团有限公司（简称"十八子"）负责对刀具进行精细磨削加工，并对刀具的服役性能进行全面检测，为活动画上了圆满的句号。

本书以"大云锻刀会"活动为依托，真实且详尽地记录了刀坯锻造工艺、热处理流程、精细磨削、服役性能测试以及专业研讨等各个环节。通过对与会刀具钢数据的深入分析，我们致力于精准识别并调控影响厨用刀具性能的关键材料因素，助力我国刀具钢迈向高质量发展的新阶段。

2024年"大云锻刀会"开幕式的锻刀开炉仪式
The furnace ignition at the Opening Ceremony of MegaCloud Bladesmithing Event

龙泉市宝剑行业协会郑国荣和卓树平在"大云锻刀会"开幕式上演示打铁锻刀
Zheng Guorong and Zhuo Shuping of the Longquan Swordsmithing Association demonstrated blade-forging craftsmanship at the Opening Ceremony of MegaCloud Bladesmithing Event

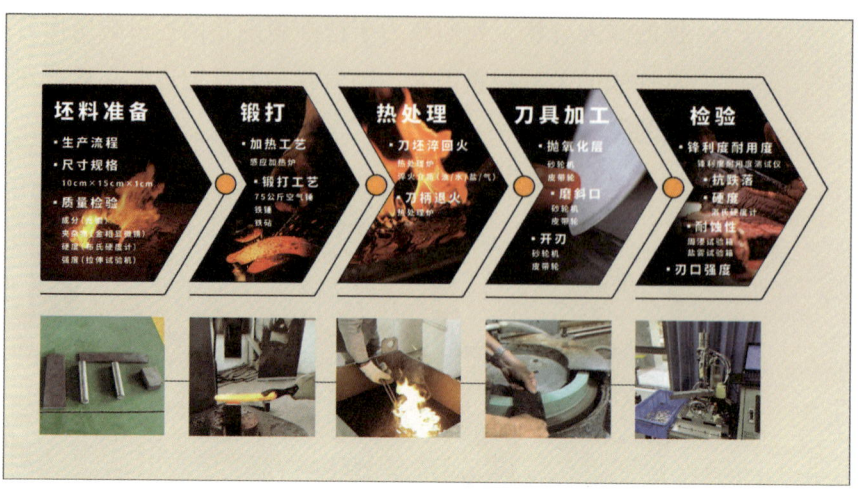

厨用刀具的制备流程
The processing of kitchen knives

  "大云锻刀会"活动首次对四大类 39 种刀具钢在厨用刀具制备方面的性能特点进行了全面且系统的评估。这一开创性的实践不仅深化了行业对刀具钢性能特点的理解，更使我们对影响刀具性能的关键因素有了更为透彻的认知，为我国厨用刀具品质的提升筑牢了坚实的理论根基。

  《钢铁志·锻刀》以厨用刀具制备的全流程为主线，全书共分为五章。

  第一章介绍了大云锻刀会的参会刀具钢的成分和微观组织，以及这些钢材在不同领域中的应用情况。

  第二章阐述了厨用刀具刀坯锻造所使用的设备和工艺，并对锻态微观组织进行了详细分析。

  第三章简述了刀坯的正火、球化退火、淬火、深冷处理与回火等热处理工艺，并分析了热处理后刀坯的组织和性能变化。

  第四章简述了厨用刀具的磨削加工过程。

  第五章基于相关标准对厨用刀具的服役性能进行了

测试，讨论了性能试验结果，并深入分析了影响服役性能的关键材料因素。

本书旨在通过记录"大云锻刀会"的锻刀与检测活动，生动展现"刀具钢生产质量—厨用刀具制作—服役评价"这一完整的产业链关系。我们希望通过本书，呼吁钢铁行业与厨用刀具行业的从业者，以及教学科研人员携手共进，共同推动我国刀具钢和厨用刀具品质的提升。

由于"大云锻刀会"是首次举办，参赛单位提供的刀具钢在生产工艺流程、热处理状态、尺寸和规格等方面存在较大差异。因此，在本书中，对于刀具钢原材料的记录，主要集中在化学成分及来料的微观组织结构方面。同时，我们也意识到，由于组织者在原材料选择、锻造过程控制、热处理工艺优化、刀具磨制技术及性能检测分析等方面的经验和认识尚有不足，部分数据的呈现还停留在较为浅显的层面，缺乏深入的分析与探讨，这无疑留下了诸多遗憾与不足。

值得欣慰的是，经过一年的不懈努力，锻刀会的组织单位成功打通了"刀具锻造—厨用刀具制作—服役评价"这一完整流程，并在此过程中积累了宝贵的经验与认识，为后续锻刀会的举办奠定了坚实的基础。

我们深知，书中可能存在疏漏与不当之处，恳请各位专家、读者不吝赐教，提出宝贵意见与建议。您的指导与支持，将为我们未来举办锻刀会和完善《钢铁志·锻刀》提供有益的帮助。

2024 年"大云锻刀会"的参会单位及参会刀具钢材料

The participating organization and steels of the MegaCloud Bladesmithing Event 2024

序号	钢类	参会单位/个人	参会刀具钢材料	对应国标牌号
1	碳钢及低合金钢	江苏永钢	20CrMnTi	-
2		江苏永钢	45	-
3		江苏永钢	42CrMo	-
4		刘腾轼（上海大学、上善院）	老钢轨	-
5		湖南华菱涟源钢铁有限公司	X32	3Cr4NiMo2V
6		湖南华菱涟源钢铁有限公司	68CrNiMo	-
7		牟延杰（上海大学）	9260	60Si2Mn
8		周清跃（铁科院）	U75V	-
9		王哲（上善院）	GCr15	-
10	工模具钢	李朋（上善院）	8418	3Cr5Mo3V
11		邓亚辉（上海大学）	M50	-
12		戴宇恒（上海大学）	M2	-
13		江阴华润制钢有限公司	Cr12MoV	-
14		徐乐钱（上善院）	D2	Cr12MoV
15		佛山峰合精密喷射成形科技有限公司	PSF12151	200Cr20MoV5
16	马氏体不锈钢	黄明欣（香港大学）	无碳纳米马氏体不锈钢	-
17		宝钢德盛不锈钢有限公司	20Cr13N	-
18		阳江合金材料实验室	ChromiN®-30 (ThiE)	30Cr13MoN
19		迟宏宵（钢铁研究总院）	Cor-Wear®	30Cr15MoN
20		徐海峰（钢铁研究总院）	Cronidur 30	30Cr15N
21		阳江十八子集团有限公司	40Cr13	-
22		阳江十八子集团有限公司	40Cr13W	-
23		阳江十八子集团有限公司	5Cr15MoV	-

（续表）

序号	钢类	参会单位/个人	参会刀具钢材料	对应国标牌号
24	马氏体不锈钢	阳江十八子集团有限公司	7Cr17MoV	-
25		青拓集团研究院	Cr15MoVN	-
26		滕欢（上海大学）	60Cr16MoMA	-
27		徐翔宇（上海大学）	X70CrMo15	70Cr15Mo
28		李晶（酒泉钢铁）	6Cr13	-
29		江苏申源特钢有限公司	90Cr18MoV	-
30		罗海文（北京科技大学）	AG-10	100Cr15MoVCo
31		长江不锈钢材料有限公司	CJ690	100Cr18MoVCo
32		山西太钢不锈钢股份有限公司	440C	102Cr17Mo
33	超高强度钢	王辉（北京科技大学）	BKD2400L	-
34		汪杨鑫（上海大学）	A800	26Co14Ni14Cr2Mo2
35		纪钰（上海大学）	725	30Cr3Ni4Mo2VRE
36		中原特钢股份有限公司	726R	25Cr2Ni5MoV
37		杨超（上海大学）	726F	30Cr2Ni5MoV
38		盛俊杰（上海大学）	8109	30CrNi3MoVRE
39		曹鑫（上善院）	820	40CrNi4Si2Mo

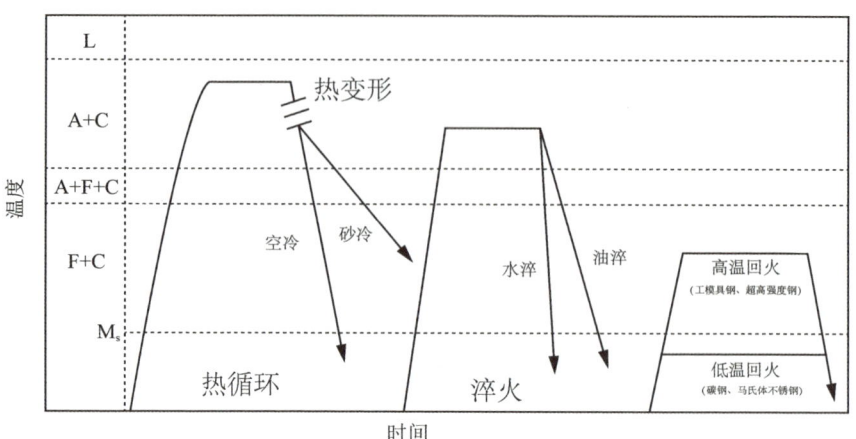

刀坯锻造和热处理的热循环示意图
The schematic diagram of blank forging and thermal cycle of heat treatment

董瀚手绘上海大学（浙江）高端装备基础件材料研究院正门
Hand-drawn illustration of the main gate of IAM by Dong Han

2024年1月10日在上善院举行第一次"大云锻刀会"规则与日程研讨会
The First MegaCloud Bladesimthing Event rules and schedule seminar held on January 10, 2024, in Jiashan, Zhejiang

2024年1月29日在广东阳江合金材料实验室举行第二次"大云锻刀会"规则与日程研讨会
The Second MegaCloud Bladesimthing Event rules and schedule seminar held on January 29, 2024, in Yangjiang, Guangdong

2024 年 4 月 10 日在上善院举行 "大云锻刀会" 开幕式
The MegaCloud Bladesmithing Event Opening Ceremony held at Zhejiang Institute for Advanced Materials (IAM) on April 10, 2024

北京科技大学李晶教授在 "大云锻刀会" 开幕式上为其专著《厨刀是怎样制备的》签名赠书
Professor Li Jing of USTB signed the monograph How to Prepare Kitchen Knives at the MegaCloud Bladesmithing Event Opening Ceremony for readers

"大云锻刀会"的活动海报
The Advertisement of MegaCloud Bladesmithing Event

01

刀具钢

KNIFE STEEL

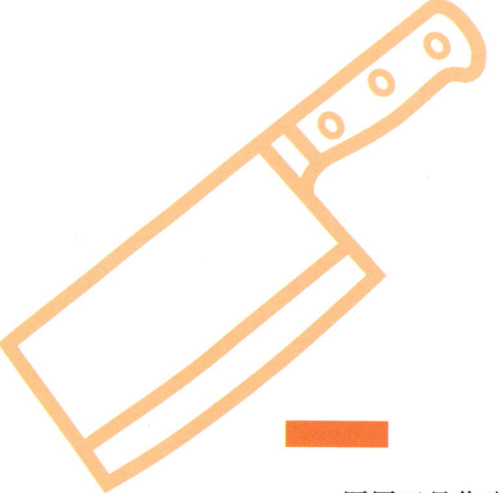

厨用刀具作为厨房中的必备工具,常用于切割、削皮及剁碎等多种操作。在厨用刀具制造中,常用的钢材包括碳钢及低合金钢、马氏体不锈钢以及工模具钢,它们在硬度、锋利保持性及防锈性能上各具特色。

现代厨用刀具制造基于劈砍、精细处理等不同功能定位,在材料选用上形成了差异化方案。各企业供应市场的刀具牌号/钢号及成分详见表1.1。

表 1.1 市场刀具用牌号及成分
The commercial knife steel grades and compositions

牌号	企业/标准	成分 (wt.%)							
		C	Si	Mn	Cr	Ni	Mo	V	其他元素
		碳钢及低合金钢							
1060	ASTM	0.60	-	0.75	-	-	-	-	-
1075		0.75	-	0.55	-	-	-	-	-
1084		0.84	-	0.75	-	-	-	-	-
1095		0.95	-	0.40	-	-	-	-	-
W1		1.0	0.25	0.25	-	-	-	-	-
W2		1.0	0.3	0.3	-	-	-	0.3	-
5160		0.6	0.25	0.9	-	-	-	-	-
8670		0.7	0.25	0.5	0.4	-	-	-	-
White #1	日立金属	1.3	0.15	0.25	-	-	-	-	-
White #2		1.3	0.15	0.25	-	-	-	-	-
White #3		1.3	0.15	0.25	-	-	-	-	-
Blue #1		1.3	0.15	0.25	0.40	-	-	-	W=1.8
Blue #2		1.3	0.15	0.25	0.40	-	-	-	W=1.3
Blue Super		1.5	0.15	0.25	0.40	-	-	-	W=2.5

刀具钢 Knife Steel

IRON AND STEEL HERITAGE: BLADESMITHING

(续表)

牌号	企业/标准	成分 (wt.%)							
		C	Si	Mn	Cr	Ni	Mo	V	其他元素
80CrV2	EN	0.80	0.30	0.50	-	-	-	-	-
26C3		1.2	0.2	0.4	0.3	-	-	-	-
15N20		0.75	0.10	0.40	-	2.0	-	-	-
马氏体不锈钢									
420HC		0.45	0.6	0.80	13.5	0.60	-	-	-
440A	ASTM	0.70	1.0	1.0	17.0	-	0.75	-	-
440B		0.85	1.0	1.0	17.0	-	0.75	-	-
440C		1.0	1.0	1.0	17.0	-	0.75	-	-
14116	EN	0.50	0.60	0.80	15.0	-	0.75	0.15	-
7C27Mo2		0.38	0.40	0.60	13.5	-	1.0	-	-
10C15Mo3V1		0.50	0.90	0.40	8.0	-	1.4	0.3	-
10C28Mo2		0.53	0.40	0.70	14.0	-	1.0	-	-
12C27		0.60	0.40	0.40	13.5	-	-	-	-
12C27M	Alleima 合瑞迈	0.52	0.40	0.60	14.5	-	-	-	-
13C26		0.68	0.40	0.70	13.0	-	-	-	-
14C28N		0.62	0.20	0.60	14.0	-	-	-	N=0.08
19C27		0.95	0.40	0.70	13.5	-	-	-	N=0.11

刀具钢 Knife Steel

(续表)

牌号/钢号	企业/标准	成分 (wt.%)							
		C	Si	Mn	Cr	Ni	Mo	V	其他元素
ATS-55	日立钢铁	0.67	0.40	0.60	13.5	-	0.5	-	-
ATS-34		1.0	0.4	0.5	14.0	-	0.6	-	Co=0.4 Cu=0.2
AUS-6	爱知钢铁	1.0	14.0	0.4	14.0	-	4.0	-	-
AUS-8		0.60	1.0	1.0	13.8	0.49	-	0.13	-
AUS-10		0.73	0.50	0.50	13.8	0.49	0.20	0.13	-
VG-5	武生钢铁	1.0	1.0	0.50	13.8	0.49	0.20	0.13	-
VG-7		0.75	-	-	14.0	-	0.30	0.15	-
VG-10		1.0	-	-	14.0	-	0.30	0.15	W=1.2
VG-10W		1.0	-	-	15.0	-	1.0	0.25	Co=1.5
425M	Crucible Industries	1.0	-	-	15.0	-	1.0	0.25	Co=1.5 W=0.40
154-CM		0.54	0.80	0.50	14.0	-	0.80	-	-
		1.0	0.30	0.50	14.0	-	4.0	-	-
工模具钢										
D2	ASTM	1.5	0.3	0.4	12.0	-	-	-	-
D3		2.2	0.3	0.4	12.0	-	-	-	-

(续表)

牌号	企业/标准	成分 (wt.%)							
		C	Si	Mn	Cr	Ni	Mo	V	其他元素
M2		0.85	0.2	0.3	4.0	-	5.0	2.0	W=6.4
CPM S30V	Crucible Industries	-	-	-	14.0	-	2.0	4.0	N=0.20
CPM S45VN		-	-	-	16.0	-	2.0	3.0	Nb=0.5 N=0.15
CPM S60V		2.2	-	-	17.0	-	0.4	5.5	-
CPM S90V		2.3	-	-	14.0	1.0	9.0	-	-
CPM S110V		2.8	-	-	15.5	2.3	9.0	-	Co=2.5 Nb=3.0 N=0.15
CPM S125V		3.3	-	-	14.0	2.5	12.0	-	-
M390	Böhler Edelstahl	1.9	0.70	0.30	20.0	-	1.0	4.0	W=0.60
K390		2.5	0.55	0.40	1.20	-	3.8	9.0	W=1.0 Co=2.0
Vanadis4	ASSAB Steel	1.4	0.4	0.40	4.70	-	3.5	3.7	-
Vanadis8		2.3	0.40	0.40	4.8	-	3.6	8.0	-
Vancron		1.3	0.50	0.40	4.50	-	1.20	10.0	N=1.8

"大云锻刀会"通过厨用刀具锻造来探索什么样的钢适合做刀、能做好刀。本次共有 39 种材料参加"大云锻刀会",那么,如何从中挑选出优质的刀具钢呢?

在回答上述问题之前,有必要先回答这个问题——如何评判一把好刀?国家标准《厨用刀具》(GB/T 40356—2021)中对厨用刀具提出了硬度、锋利度、耐用度的要求。那么我们就可以根据国家标准的要求,对照刀具钢的性能来选择合适的钢种。

1.1 参会材料:碳钢及低合金钢类 / Carbon Steel and Low Alloy Steel

为满足刀具最基础的性能要求,即硬度与锋利度,最直接的思路是选择具有一定碳含量的刀具钢。在不考虑其他性能需求的情况下,最基础的刀具钢类型为碳钢和低合金钢。

制作刀具时常用的碳钢及低合金钢中一般含有 0.6% 以上的碳,同时还会添加一定量的 Cr、Mo、V、Nb、W 等合金元素,总量不超过 5%。淬火后,其硬度能提升至 60 HRC,且作为刀具钢,常采用低温回火处理。碳钢及低合金钢作为刀具钢的优势显而易见:一方面,相较于同硬度级别的钢成本较低;另一方面,碳钢及低合金钢的合金元素含量较少,更易于加工。因此,手工刀匠常选用这类钢材制作刀具。但是与高合金钢相比,碳钢及低合金钢的耐磨性相对较差。参加本次"大云锻刀会"的碳钢及低合金钢的成分详见表 1.2;碳钢及低合金钢类材料的微观组织如图 1–1 至图 1–9 所示,其中,左侧图片为光学显微镜观察结果,右侧图片为扫描电镜观察结果。

表 1.2 "大云锻刀会"参会材料：碳钢及低合金钢类
Steels forged in MegaCloud Bladesmithing Event: carbon steel and low ally steel

牌号	成分（wt.%)									
	C	Si	Mn	P	S	Cr	Ni	Mo	V	其他元素
20CrMnTi	0.21	0.20	0.93	0.03	0.01	-	-	-	-	Cu=0.30 Ti=0.08
X32	0.33	0.26	1.0	0.008	0.002	3.9	0.75	1.3	0.37	Nb=0.04
42CrMo	0.42	0.28	0.67	0.02	0.001	0.95	-	0.21	-	-
45	0.45	0.24	0.69	0.01	0.003	-	-	-	-	-
老钢轨	0.47	0.05	1.3	0.09	0.15					
68CrNiMo	0.67	0.26	0.38	0.013	0.001	0.49	0.63	0.18	-	-
9260	0.60	1.6	0.83	0.018	0.007	0.1	0.02	-		
U75V	0.72	0.53	1.0	0.003	0.001	-	-	-	0.07	-
GCr15	0.98	0.25	0.35	0.03	0.02	1.5				

注：参会的碳钢及低合金钢类样品均采用 4% 的硝酸酒精溶液进行腐蚀。

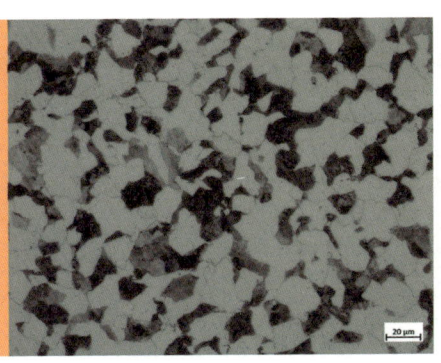 

图 1-1 20CrMnTi：原材料微观组织为铁素体 + 珠光体

 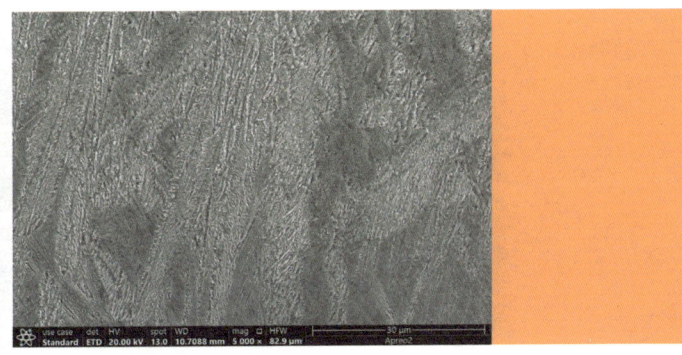

图 1-2 X32：原材料微观组织为珠光体 + 马氏体

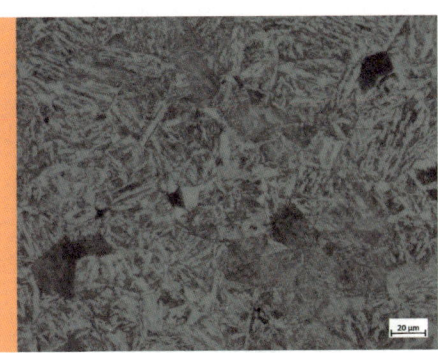 

图 1-3 42CrMo：原材料微观组织为铁素体 + 珠光体 + 贝氏体

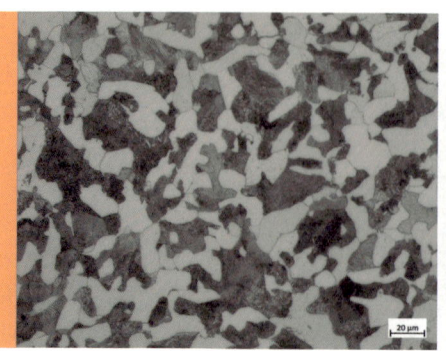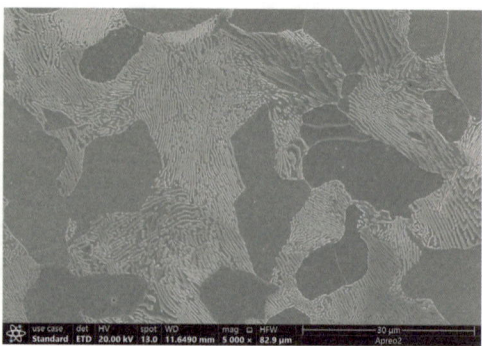

图 1-4 45：原材料微观组织为铁素体 + 珠光体

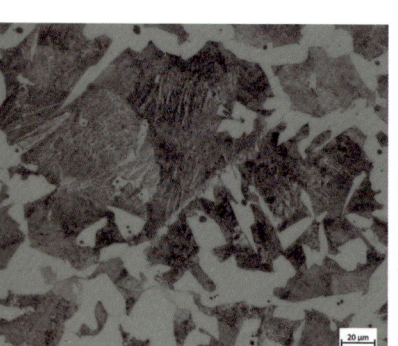

图 1-5 老钢轨：原材料微观组织为铁素体 + 珠光体

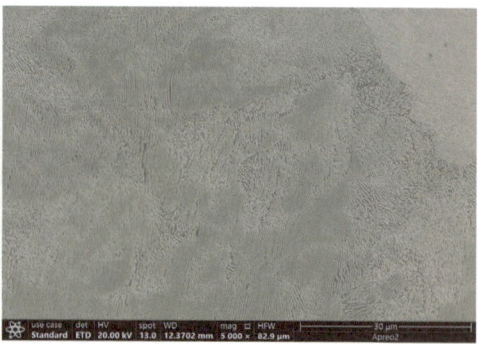

图 1-6 68CrNiMo：原材料微观组织为珠光体

 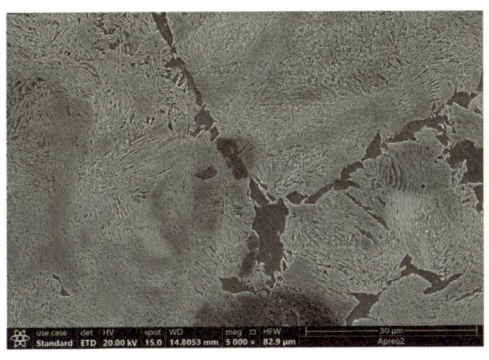

图 1-7 9260：原材料微观组织为铁素体 + 珠光体

 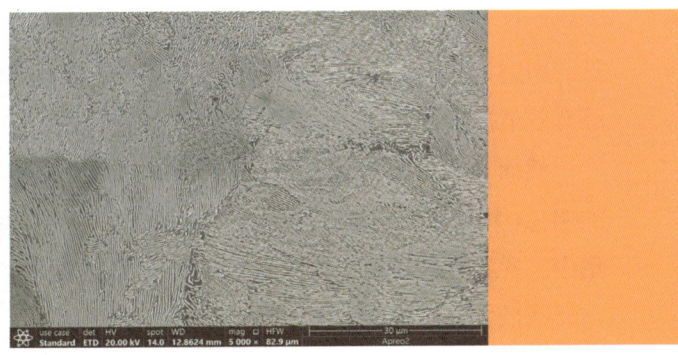

图 1-8 U75V 钢轨：原材料微观组织为珠光体

 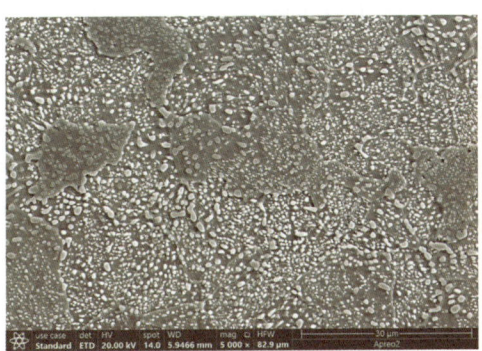

图 1-9 GCr15：原材料微观组织为粒状珠光体

1.2 参会材料：马氏体不锈钢类 / Martensitic Stainless Steel

除了硬度、锋利度、耐用度外，国家标准《厨用刀具》（GB/T 40356—2021）中还对厨用刀具提出了耐腐蚀性的要求。因此，各企业在选择厨用刀具的材料时更多地将目光投向了不锈钢。不锈钢中一般含有 13% 以上的 Cr，可以使其在氧化性介质中形成以 Cr_2O_3 为基体的表面防护膜，改善刀具的耐腐蚀性。刀具用马氏体不锈钢（如 2Cr13、4Cr14、9Cr18 等）中含有一定量的碳，易与钢中的 Cr 结合形成硬质碳化物。这些碳化物硬度极高，均匀分布于钢基体中，从而大幅提升了刀具的耐磨性，延长了其使用寿命。在切割和摩擦过程中，这些碳化物能够有效抵抗磨损，保持刀刃的锋利度，延缓钝化的进程。

然而，在冶炼凝固过程中，不锈钢中的 Cr 易与 C 结合析出大尺寸的 M_7C_3 共晶碳化物。在刀具使用过程中，M_7C_3 共晶碳化物易出现应力集中，导致其破碎和脱落，导致刀刃上出现微裂纹。这就说明，刀具钢需要降低共晶碳化物尺寸，减少共晶碳化物析出。因此，各企业在成分设计上有多种选择：一是优化碳铬比，使钢在析出过程中避开 M_7C_3 共晶析出相区（如 60Cr16MoMA）；二是加入 Nb、V、Mo 等强碳化物形成元素，这些元素形成碳化物的优先级都高于 Cr，可以有效减少 Cr 系碳化物的析出；三是通过加压等工艺在钢中加入 N，可使氮化物部分代替碳化物析出，且析出的氮化物细小弥散，能够有效地强化基体（如 Cronidur 30）。参加本次"大云锻刀会"的马氏体不锈钢的成分详见表 1.3；马氏体不锈钢类原料的微观组织如图 1-10 至图 1-25 所示，其中，左侧图片为光学显微镜观察结果，右侧图片为扫描电镜观察结果。

表 1.3 "大云锻刀会" 参会材料：马氏体不锈钢类

Steels forged in MegaCloud Bladesmithing Event: martensitic stainless steel

牌号	成分 (wt.%)									
	C	Si	Mn	P	S	Cr	Ni	Mo	V	其他元素
20Cr13N	0.14	0.45	0.53	0.035	0.01	13.5	0.15	0.87	-	N=0.30
ChromiN®-30 (ThiE)	0.31	0.39	0.41	0.02	0.01	12.6	-	-	-	N=0.10
Cor-Wear®	0.30	0.60	0.40	0.001	0.001	15.2	0.15	1.0	-	N=0.38
Cronidur 30	0.32	0.58	0.37	0.002	0.002	15.5	0.15	0.87	-	N=0.30
40Cr13	0.39	0.39	0.47	0.02	0.004	13.0	0.17	-	-	-
40Cr13W	0.39	0.40	0.40	0.02	0.004	13.8	0.17	-	0.3	W=0.6
5Cr15MoV	0.45	0.34	0.41	0.02	0.005	14.0	0.5	0.2	0.1	-
5Cr15MoVN	0.50	0.35	0.5	0.02	0.002	14.6	0.12	0.52	0.12	N=0.06
60Cr16MoMA	0.59	0.26	0.59	0.001	0.015	15.8	0.45	0.41	0.79	Nb=0.05
7Cr17MoV	0.61	0.54	0.46	0.02	0.003	16.1	0.23	0.50	0.1	-
X70CrMo15	0.63	0.23	0.20	0.003	0.001	15.8	0.15	0.46	0.10	-
6Cr13	0.68	0.40	0.70	0.03	0.001	13.2	0.11	-	-	-
90Cr18MoV	0.91	0.39	0.40	0.002	0.001	17.8	0.22	1.0	0.11	-
AG-10	1.0	0.31	0.34	0.002	0.001	14.5	0.17	1.0	0.20	Co=1.5
CJ690	1.0	0.36	0.40	0.001	0.001	17.3	0.15	1.2	0.12	Co=1.5 Nb=0.01
440C	1.0	0.37	0.31	0.001	0.001	16.9	-	0.15	-	-

注：参会的马氏体不锈钢类样品均采用 $FeCl_3$ 溶液进行腐蚀。

刀具钢　Knife Steel

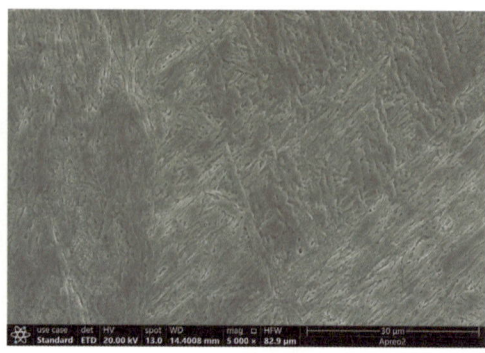

图 1-10 20Cr13N：原材料微观组织为马氏体

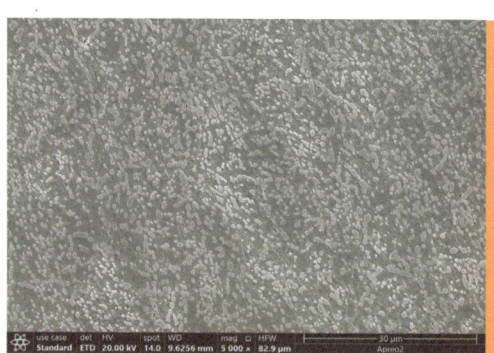

图 1-11 ChromiN®-30（ThiE）：原材料微观组织为铁素体 + 球状碳化物

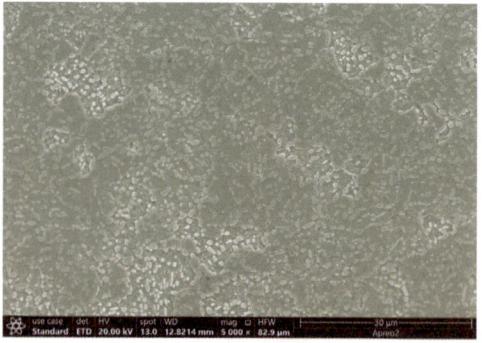

图 1-12 Cor-Wear®：原材料微观组织为铁素体 + 球状碳化物

 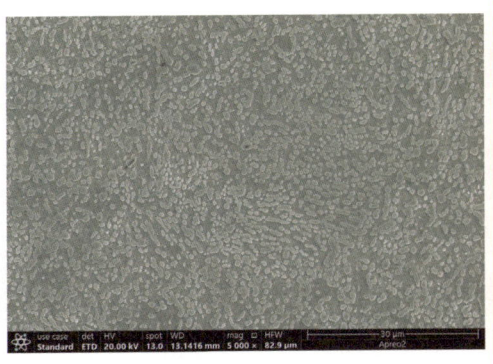

图 1-13 Cronidur 30：原材料微观组织为铁素体 + 球状碳化物

图 1-14 40Cr13：原材料微观组织为铁素体 + 球状碳化物

 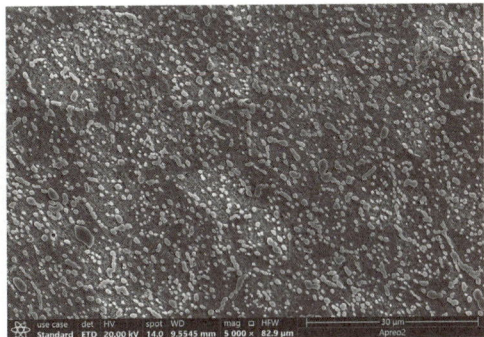

图 1-15 40Cr13W：原材料微观组织为铁素体 + 球状碳化物

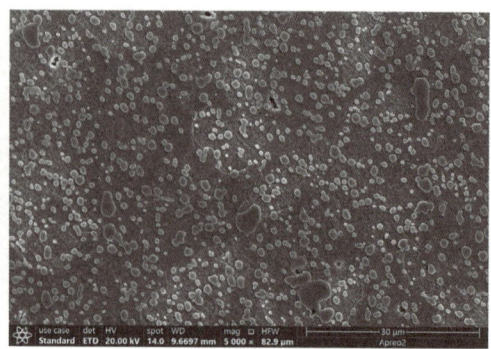

图 1-16 5Cr15MoV：原材料微观组织为铁素体 + 少量一次碳化物 + 球状碳化物

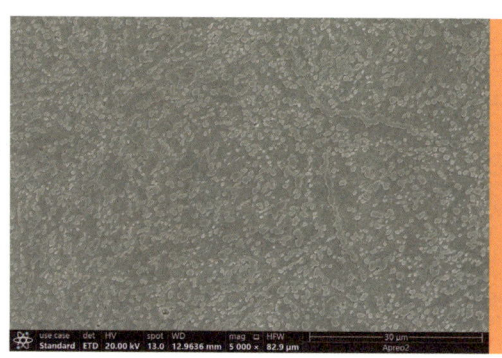

图 1-17 5Cr15MoVN：原材料微观组织为铁素体 + 碳化物

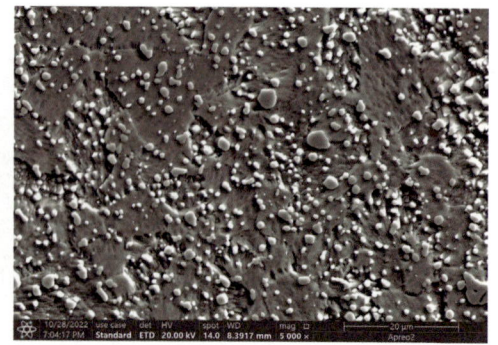

图 1-18 60Cr16MoMA：原材料微观组织为铁素体 + 碳化物

 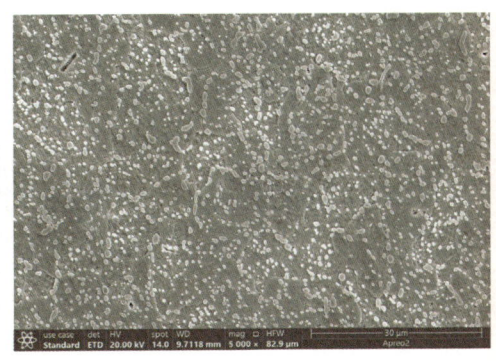

图 1-19 7Cr17MoV：原材料微观组织为铁素体 + 碳化物

 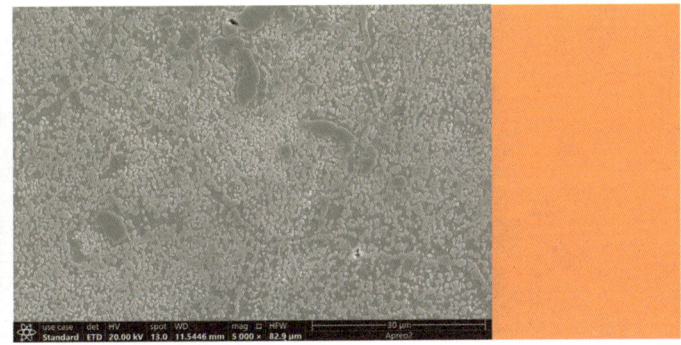

图 1-20 X70CrMo15：原材料微观组织为铁素体 + 一次碳化物 + 粒状碳化物

 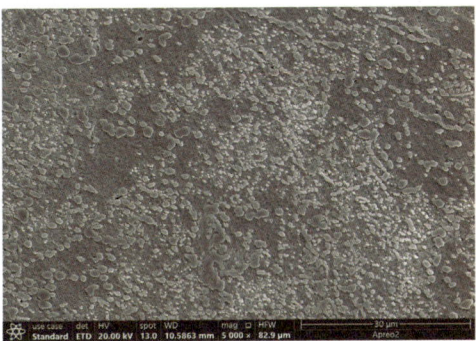

图 1-21 6Cr13：原材料微观组织为铁素体 + 碳化物

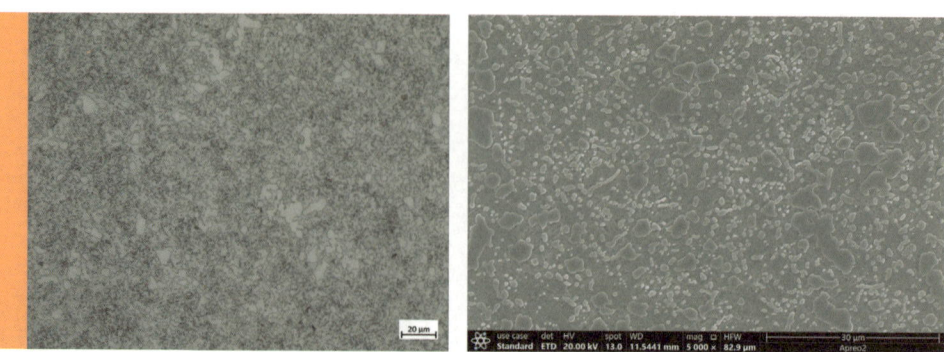

图 1-22 90Cr18MoV：原材料微观组织为铁素体 + 一次碳化物 + 粒状碳化物物

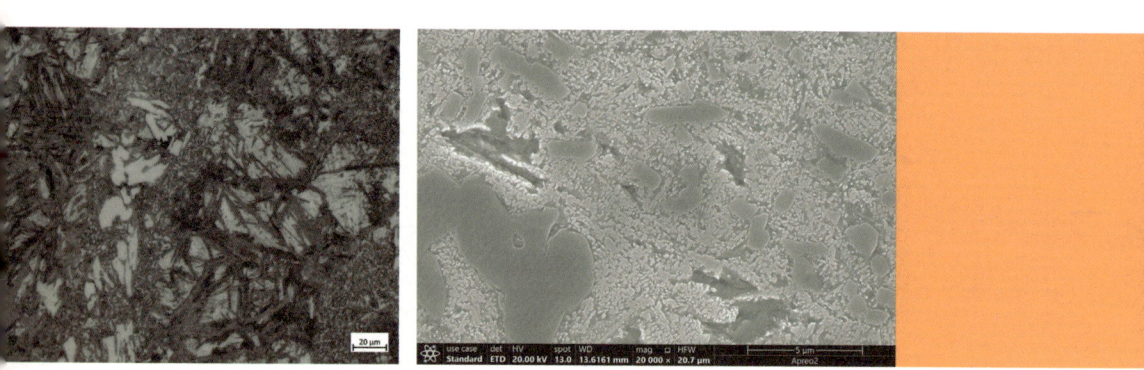

图 1-23 AG-10：原材料微观组织为高碳马氏体 + 碳化物

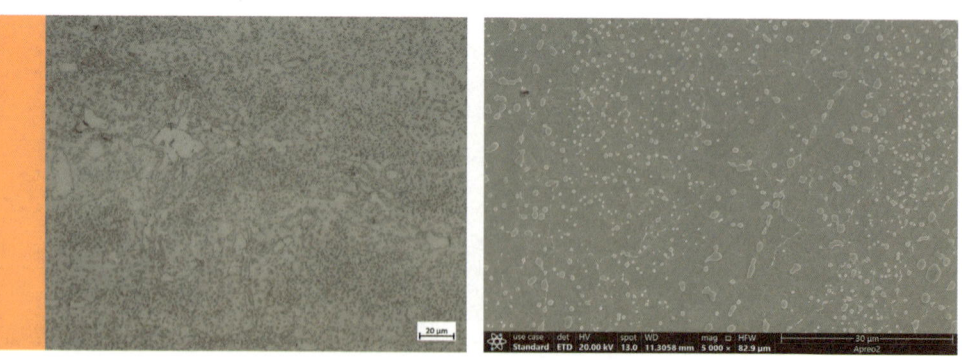

图 1-24 CJ690：原材料微观组织为铁素体 + 碳化物

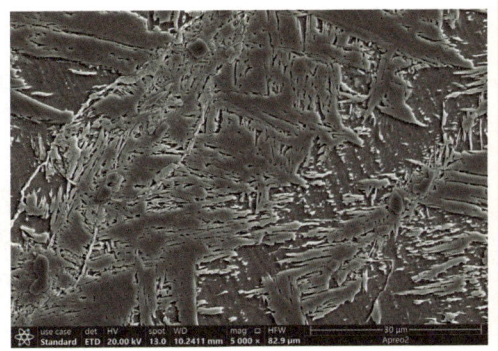

图 1-25 440C：原材料微观组织为铁素体 + 碳化物

1.3 参会材料：工模具钢类 / Tool and Die Steel

当目标产品从厨用刀具拓展到特种刀具领域时，对刀具性能的要求便显著提高，特别是在硬度和耐磨性方面，需要满足更加严苛的工作条件和使用环境。为实现这一目标，在材料选择上，工模具钢，特别是 Cr-Mo-V 系冷作模具钢，因其优异的耐磨性和韧性，成为理想材料。为了满足工模具钢服役过程中的高变形、高摩擦的情况，工模具钢的硬度和耐磨性较高，D2 的淬火硬度可达 62 HRC。模具钢中的较高的 C 含量和 Cr 含量会导致其在冶炼凝固过程中产生大量一次网状碳化物，需要通过后续锻打、热轧等工艺消除；较高的 V 含量会使其析出大量 MC 型碳化物。模具钢中的 MC 型碳化物对材料耐磨性的提高非常显著，研究表明，V 的质量分数增加 1%，其耐磨性将增加 1 倍左右，这降低了材料的可磨削性能，在刀具加工中表现为开刃困难。传统的模铸工艺中 Cr 含量一般不超过 13%，V 含量一般控制在 1% ~ 3% 以避免碳化物的大幅度偏聚，劣化材料性能。但是粉末冶金工具钢中不存在合金元素偏析问题，故而 V 和 Cr 的含量都比较高。但是粉末冶金钢刀具仍然存在加工难度大等问题，制作成本较高。参加本次"大云锻刀会"的工模具钢牌的成分详见表 1.4；工模具钢类原料微观组织详见图 1-26 至图 1-31 所示，其中，左侧图片为光学显微镜观察结果，右侧图片为扫描电镜观察结果。

表 1.4 大云锻刀会参会材料：工模具钢类
Steels forged in MegaCloud Bladesmithing Event: carbon steel: tool and die steel

牌号	成分（wt.%）								
	C	Si	Mn	P	S	Cr	Mo	V	W
8418	0.34	0.18	0.37	0.001	0.001	4.0	2.4	0.55	-
M50	0.82	008	0.01	0.001	0.001	4.1	4.4	1.0	-
M2	0.85	0.30	0.30	0.026	0.003	4.0	5.0	2.0	6.0
D2	1.4	0.30	0.21	0.002	0.001	12.3	0.78	0.24	-
Cr12MoV	1.4	0.30	0.21	0.002	0.001	12.3	0.78	0.24	-
PSF12151	2.0	0.65	0.42	-	-	19.5	0.95	4.8	-

注：8418、M50、M2 样品采用 4% 的硝酸酒精溶液进行腐蚀，Cr12MoV、PSF12151 采用 $FeCl_3$ 溶液（5 g $FeCl_3$+50 ml HCl+50 ml C_2H_5OH）进行腐蚀。

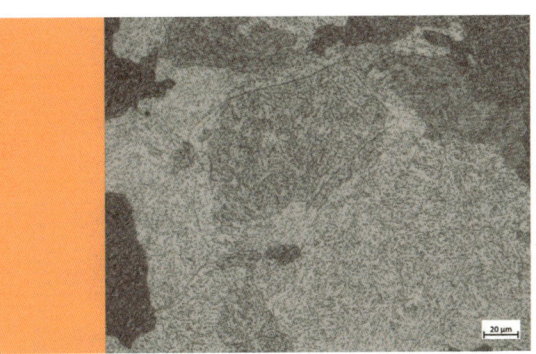
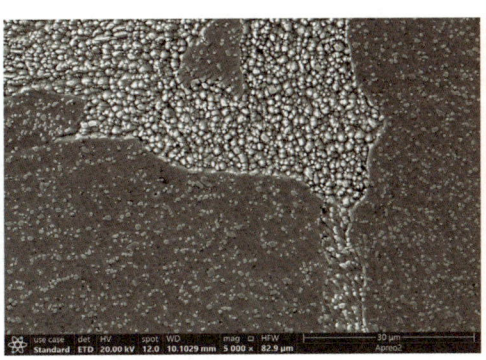

图 1-26 8418：原材料微观组织为铁素体 + 粒状碳化物

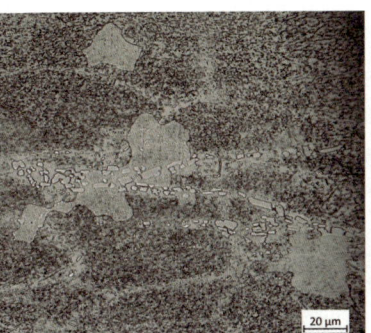
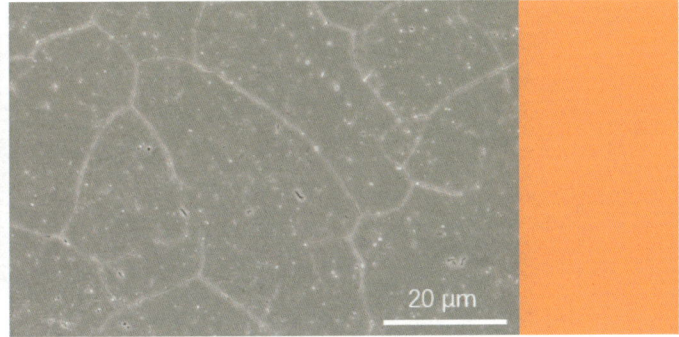

图 1-27 M50：原材料微观组织为铁素体 + 一次碳化物 + 粒状碳化物

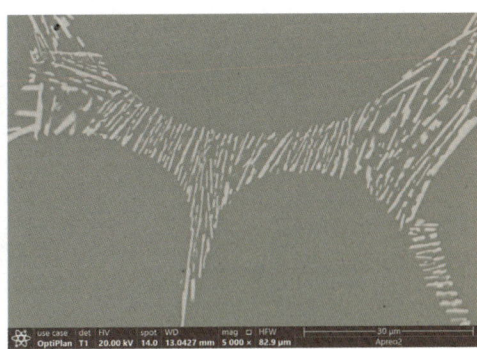

图 1-28 M2：原材料微观组织为马氏体 + 共晶碳化物

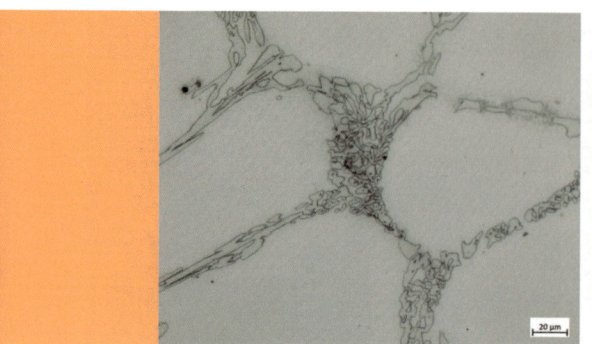
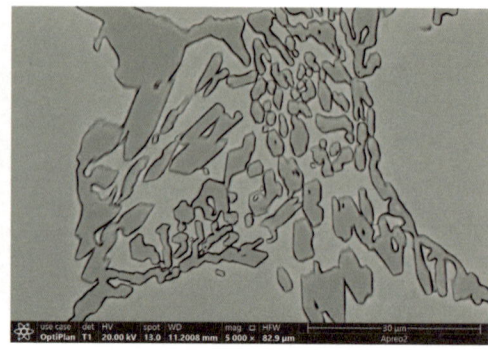

图 1-29 Cr12MoV：原材料微观组织为马氏体 + 共晶碳化物

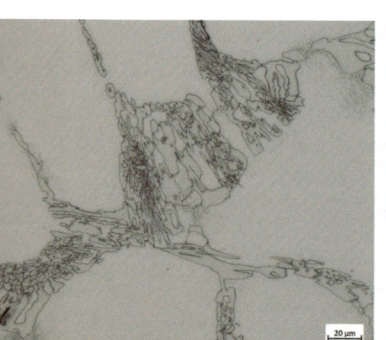
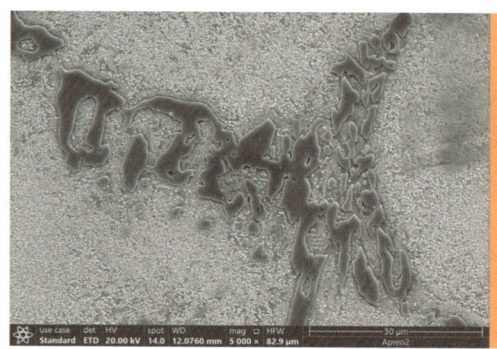

图 1-30 D2：原材料微观组织为马氏体 + 共晶碳化物

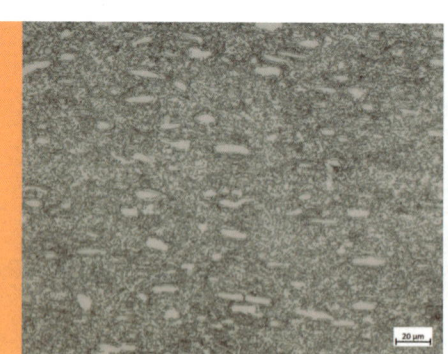
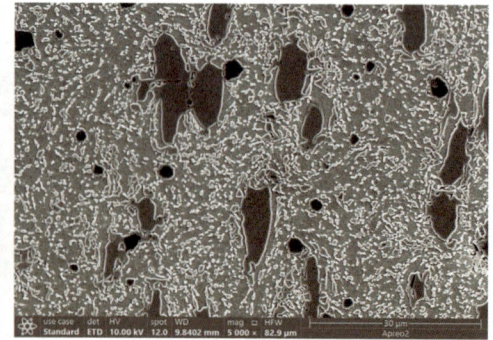

图 1-31 PSF12151 原材料微观组织为铁素体 + 一次碳化物 + 球状碳化物

1.4 参会材料：超高强度钢类 / Ultra-high Strength Steel

超高强度钢具有良好的强韧性配合，本次"大云锻刀会"还尝试了以超高强度钢为原材料锻造刀具。参加本次"大云锻刀会"的超高强度钢分三大类：低合金超高强度钢、二次硬化超高强度钢和马氏体时效钢。

低合金超高强度钢的强度来源主要是通过淬火和低温回火工艺获得的回火马氏体基体和细小弥散的碳化物，其中回火马氏体基体强度主要取决于C的固溶量，其他合金元素的主要作用在于改善钢的其他性能。

二次硬化超高强度钢是在钢中加入Co、Ni、Mo和Cr等合金元素，其强度主要来源于回火时形成的细小且弥散的M_2C和高位错密度板条马氏体。

马氏体时效钢则主要是以金属间化合物作为析出强化相。

参加本次"大云锻刀会"的超高强度钢的成分详见表1.5；超高强度钢类原料微观组织如图1–32至图1–38所示，其中，左侧图片为光学显微镜观察结果，右侧图片为扫描电镜观察结果。

表 1.5 大云锻刀会参会材料：超高强度钢类

Steels forged in MegaCloud Bladesmithing Event: ultra-high strength steel

牌号	成分（wt.%）									其他元素
	C	Si	Mn	P	S	Cr	Ni	Mo	V	
BKD2400L	0.08	1.4	0.60	0.02	0.002	5.0	10.0	2.0	-	Ti=0.20 Al=0.50 Co=13.5
A800	0.26	-	-	0.001	0.001	2.0	14.2	1.8	-	W=0.60 Al=1.2 Nb=0.03
725	0.28	0.16	0.35	0.002	0.002	3.0	3.4	2.0	0.80	-
726R	0.28	0.20	0.35	0.02	0.001	1.9	4.4	1.4	0.33	-
726F	0.28	0.20	0.35	0.001	0.001	1.9	4.4	0.21	0.33	-
8109	0.30	0.30	0.50	0.02	0.001	1.3	3.0	1.0	0.20	-
820	0.40	1.8	0.90	0.003	0.001	1.0	4.1	0.61	0.14	-

注：超高强度钢类样品均采用4%的硝酸酒精溶液进行腐蚀。

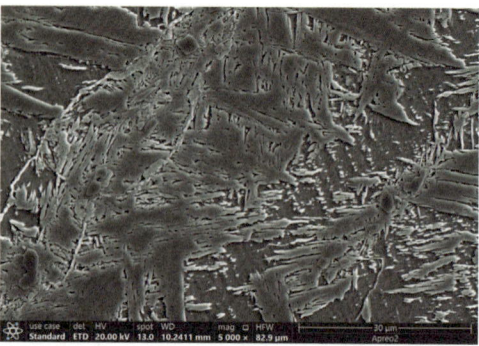

图 1-32 BKD2400L：原材料微观组织为马氏体

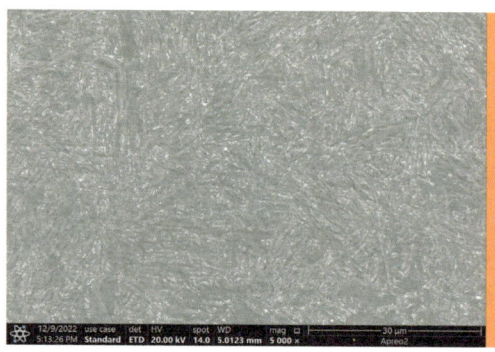

图 1-33 A800：原材料微观组织为板条马氏体

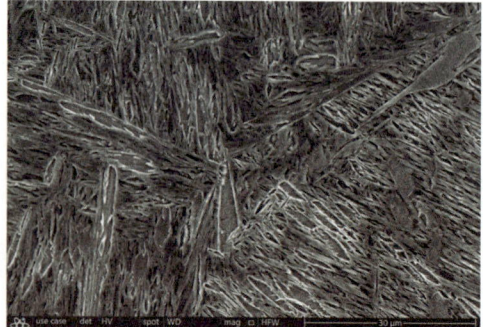

图 1-34 725：原材料微观组织为板条马氏体

 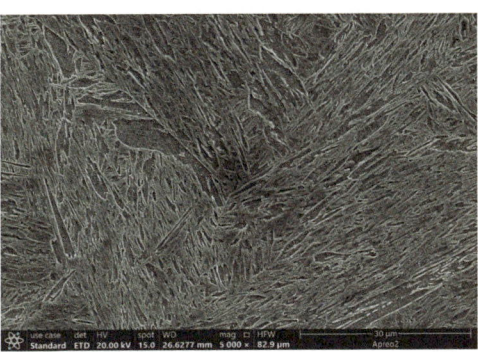

图 1-35 726R：原材料微观组织为板条马氏体

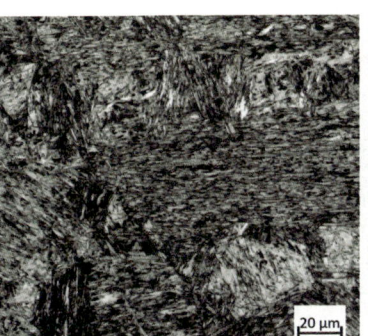 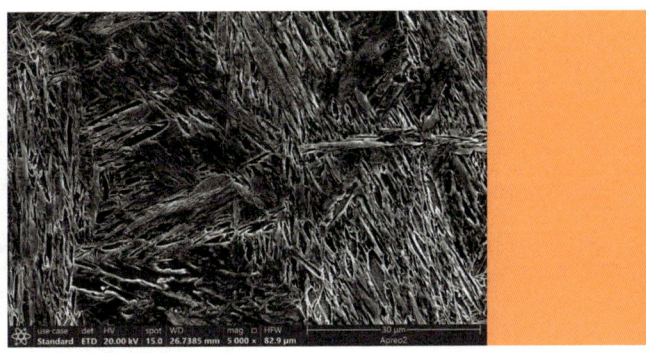

图 1-36 726F：原材料微观组织为板条马氏体

 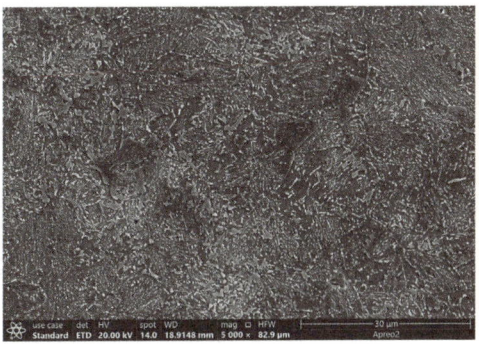

图 1-37 8109：原材料微观组织为铁素体 + 马氏体 + 粒状珠光体

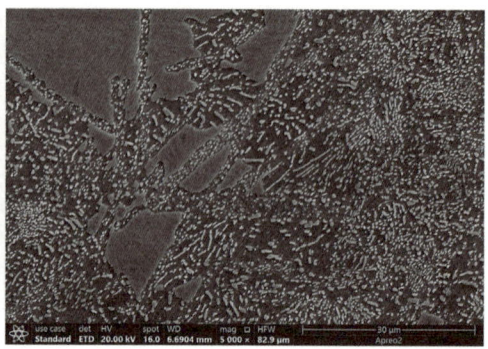

图 1-38 820：原材料微观组织为铁素体 + 马氏体 + 粒状珠光体

1.5 参会刀具钢总结 / Summary

参加本次"大云锻刀会"的刀具钢有四大类 39 种。刀具钢的主要合金元素包括 C、Cr、Mo、V。此外，为了赋予产品额外性能，包括抗菌性、表面强度等，可能会添加适量的 Ag 或 Cu 等合金元素。

C（碳元素）：C 是刀具钢中最重要的元素。通过固溶强化作用，C 能有效提升钢材的强度和硬度。通过提升碳含量，可以获得高强度的马氏体。此外，C 还可以和其他元素结合形成二次碳化物，对钢材起到析出强化的作用，有效提升钢材的耐磨性。

Cr（铬元素）：Cr 能显著提高钢的淬透性，降低奥氏体向马氏体和碳化物的转变速率。将 Cr 加入钢中能有效提升材料的耐腐蚀性。当 Cr 含量充足时，能形成一层薄而稳定的钝化膜，赋予刀具防锈能力。此外，Cr 作为一种强碳化物形成元素，能与碳紧密结合，生成碳化物 Cr_7C_3 和 $Cr_{23}C_6$，显著增强钢材的耐磨性能，进而延长了刀具的使用寿命。

Mo（钼元素）：Mo 能够提高钢的淬透性，其作用强于 Cr。Mo 能够有效提高钢的回火稳定性。当与 Cr、Mn 等共存时，Mo 可减轻或抑制其他元素引起的回火脆性。Mo 有固溶强化作用，同时还提高碳化物的稳定性，从而提高钢的强度。Mo 还能提高钢的耐腐蚀性，防止钢在氯化物溶液中产生点蚀。

Ni（镍元素）：加入 Ni 可以获得较好的韧性，还可以析出金属间化合物从而产生强化作用。在淬回火后，Ni 会增加残余奥氏体的含量，降低硬度。在 Fe-Cr 合金中，Ni 还可以使其发生钝化现象，对于提升材料耐腐蚀性有一定的改善作用。

V（钒元素）、Nb（铌元素）、W（钨元素）：这几种元素在刀具钢中的作用类似。作为强碳化物形成元素，易与 C 结合形成 MC 型碳化物（如 VC、NbC、WC），这种碳化物的硬度高，耐磨性也非常好，可以显著改善材料的耐磨性。此外，这种类型的碳化物还可以抑制奥氏体晶粒的长大，起到细化晶粒的作用。但是这些元素含量过高会损害刀具的加工性能。

来自 36 家单位及个人的 39 种材料参加了本次"大云锻刀会"，其中有碳钢及低合金钢、马氏体不锈钢、工模具钢，几乎囊括了所有常用刀具钢材料。同时还对超高强度钢作为刀具钢的可能性进行了探索。参加本次"大云锻刀会"的 39 种刀具钢材料的总览情况如图 1-39 所示。

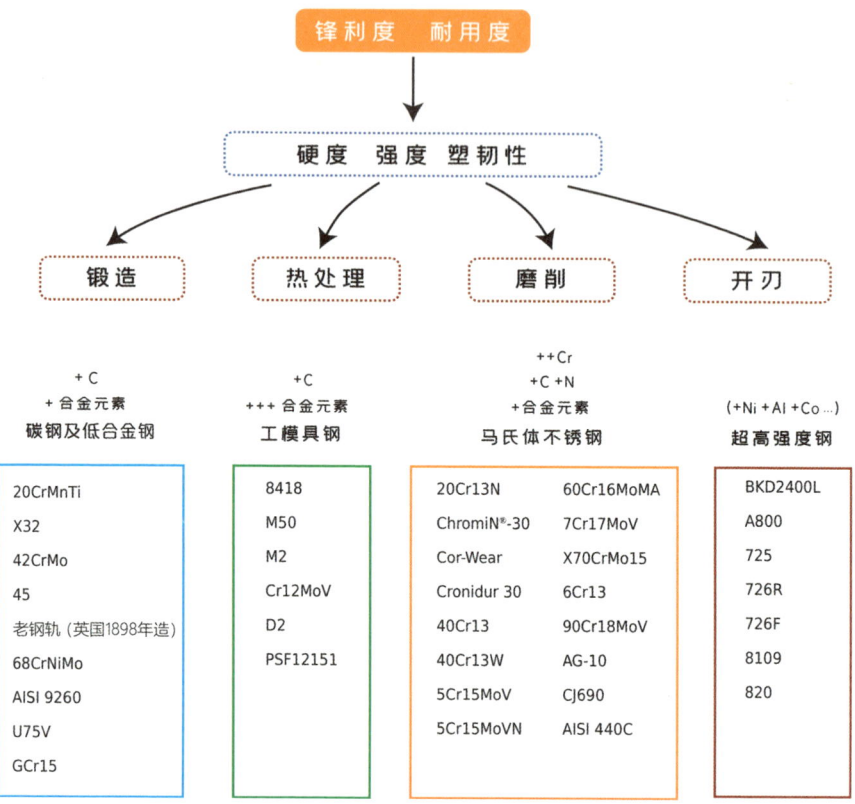

图 1-39 "大云锻刀会"参会刀具钢材料
Steels forged in MegaCloud Bladesmithing Event

至此,大家可能会提出的问题:
1. 刀具钢的含碳量为多少才最为合适?
2. 哪些合金元素能够有效改善刀具的性能,添加量为多少?
3. 哪种钢最适合用来制作厨用刀具?

02

刀坯锻造
BLANK FORGING

锻造是指原材料经过热变形成为刀坯,是刀具成形的重要步骤。通过锻造,不仅可以将钢材加工成刀具的基本形状,还能改善材料的内部微观组织,细化晶粒、消除缺陷、提高致密度,从而显著提升刀具的强度和耐用度。

参加"大云锻刀会"的所有刀具均需经历一系列精心的锻造工序。刀坯的锻造过程在上善院完成,确保了锻造的统一性和品质。来自各单位的锻刀原料——刀具钢,其生产工艺流程、热处理状态、尺寸和规格等均有所不同,反映了锻刀工艺的多样性和复杂性。面对不同的刀具钢材料,锻刀工匠依据原材料的特性,精心选择锻造工艺进行锻造,并在锻造完成后,运用锯切技术精确地将锻坯切割至设计的刀坯尺寸(图2-1、图2-2)。接下来将具体说明这些不同刀具钢材料在生产过程中如何通过锻造设备和工艺控制,使其最终形成理想的微观组织。

图 2-1 形状各异的刀具钢材料及其锻造后的形状
Raw materials for knife blanks in various shapes and their forged forms

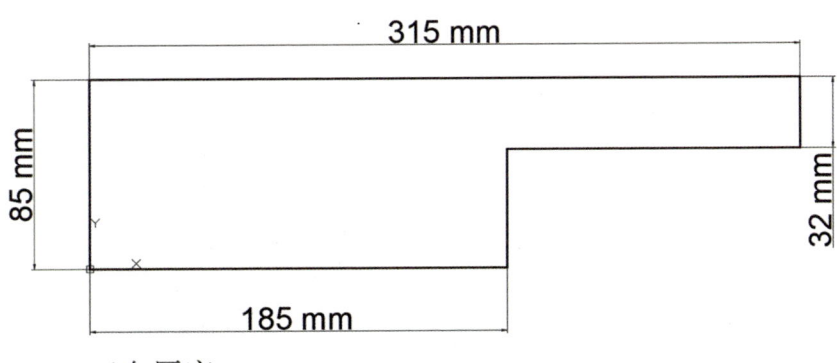

刀身厚度2.5 mm
刀坯重量约为0.4 kg/片

图 2-2 刀坯的设计尺寸（物理单位后面空半格）
Dimension of kitchen knife blanks forged

2.1 锻造设备及用具 / Forging Equipment

工欲善其事必先利其器,锻造工具是大云锻刀会的基础保障。刀匠最基本的工具包括空气锤、电阻炉(加热炉)、铁砧、手锤和手钳等。通过这些工具,"大云锻刀会"的锻刀工匠锻造出了刀坯。

2.1.1 锻锤与加热炉 / Hammer and Heat Furnace

(1)空气锤(Pneumatic Hammer)

空气锤是自由锻锤的一种,可用于各种不同形状零件的自由锻造工艺,如延伸、镦粗、冲孔、热剪、锻焊、弯曲、扭转等。"大云锻刀会"使用 750 kg 空气锤(图 2-3)进行原材料改锻使之适合刀坯锻造,使用 75 kg 空气锤(图 2-4)将刀坯锻造成型。

图 2-3　750 kg 空气锤
750 kg pneumatic hammer

图 2-4　75 kg 空气锤
75 kg pneumatic hammer

（2）电阻炉（Electric Heating Furnace）

电阻炉可用于需要高温加热的场合，如材料的加热、热处理等工业生产过程，适用于对材料进行加热处理。本次"大云锻刀会"使用 RXC-150-13 全纤维电阻炉进行粗坯加热锻造，使用 SA2-30-14TP 真空箱式炉和纳博热 LT15/14 箱式电阻炉进行刀坯热处理（图 2-5）。

图 2-5 加热用电阻炉
Electric heating furnace

2.1.2 手工锻造设备 / Hand Forging Equipment

（1）铁砧（Anvil）

铁砧是锻造行业中不可或缺的重要工具。将加热至高温状态的金属材料放在铁砧上，用铁锤等工具进行反复敲打，以改变金属材料的形状。图 2-6 所示为"大云锻刀会"组织单位在实验室自行设计浇铸的铁砧。

图 2-6 铁砧
Anvil

（2）炭火炉（Charcoal Stove）

炭火炉可用于金属的加热、锻造等操作，用炭火炉将铁块加热至红热状态，然后进行锻造、锻打等工序，制作各种铁器（图2-7）。炭火炉的最高温度可达到约1 200 ℃，在正确使用的情况下，能有效实现工件的渗碳处理。

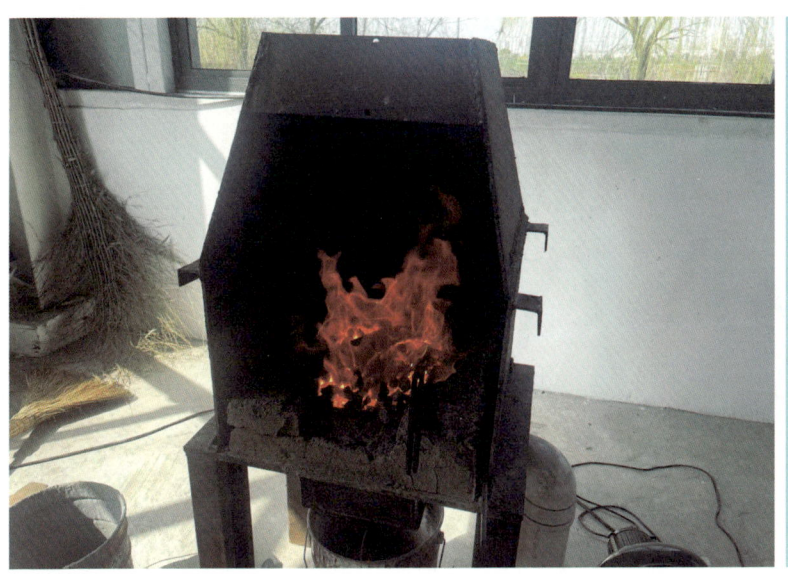

图 2-7 炭火炉
Charcoal stove

2.1.3 锻造用具 / Tools

（1）锻造火钳（Pincer）

锻造火钳是一种夹持和搬运高温物品的金属工具，其材质通常为铁，整体设计得又细又长以快速散热（图2-8）。常见的火钳种类包括椭圆钳、扁口钳、尖嘴钳、圆嘴钳、圆口钳和铝锭钳，这些火钳在生产生活的各类工作中都有广泛应用。

（2）铁锤（Hammer）

铁锤是一种常见的手工工具，用途广泛（图2-9）。铁锤在本次"大云锻刀会"的锻造过程中主要用于工件整形。

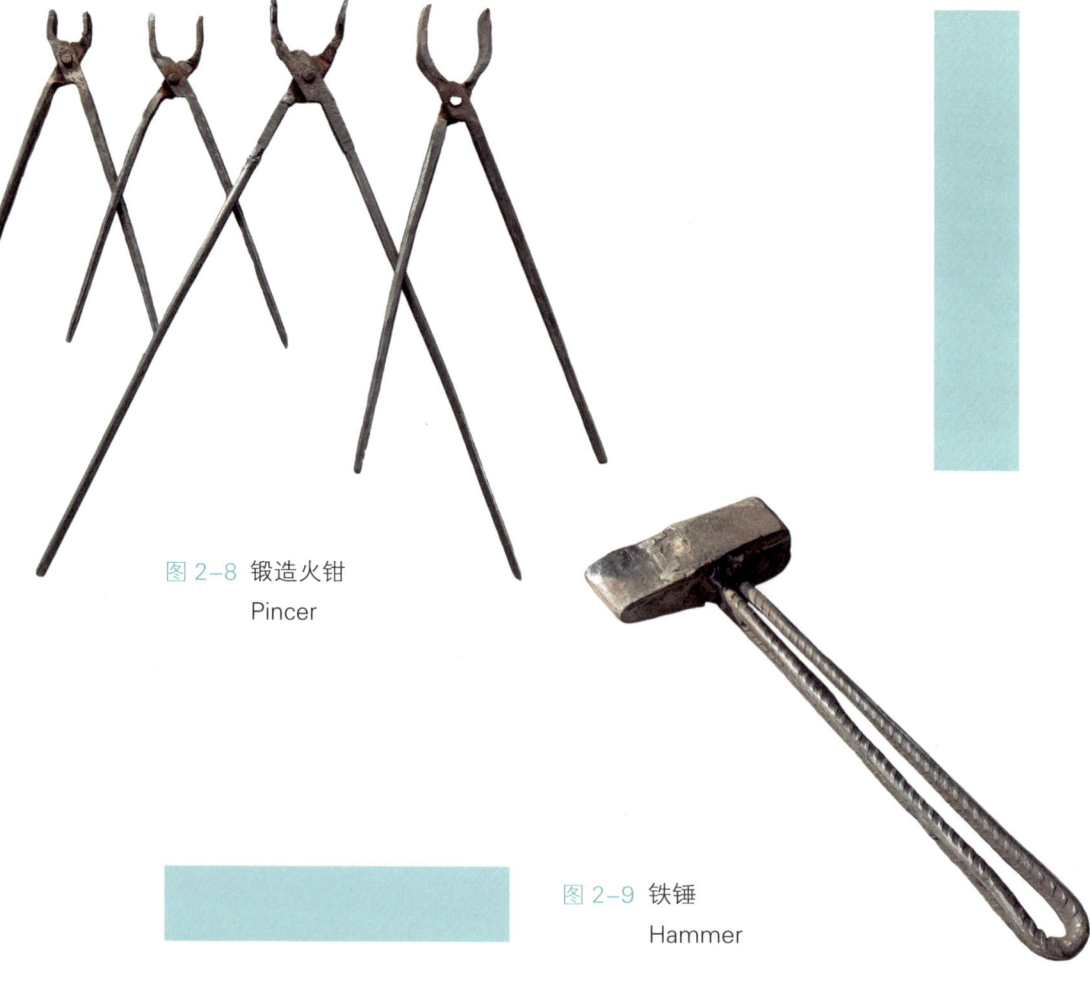

图 2-8 锻造火钳
Pincer

图 2-9 铁锤
Hammer

（3）抛光机（Belt Sander）

抛光机是一种用于各种材料表面抛光处理的设备，其主要用途包括金属表面处理，以提升光泽度（图 2-10）。它能够对金属制品件的表面进行抛光，有效去除划痕、氧化层和锈迹，使表面变得光滑明亮，不仅提高了光泽度和美观度，还能在一定程度上增强金属表面的耐腐蚀性。

图 2-10 抛光机
Belt sander

2.1.4 安全用具 / Safety Appliance

（1）口罩（Respirator）

口罩可以帮助锻刀工匠过滤吸入的空气，有效避免锻造中粉尘和细小颗粒的吸入，确保职业健康安全。

（2）面罩（Mask）

面罩可以有效防止锻刀过程中飞溅的碎片，保护锻刀工匠的头部和颈部。

（3）耐热围裙（Thermal protective clothing）

耐热围裙可以有效防止锻刀过程中的高温对锻刀工匠身体产生的可能的损伤，同时可以防止锻刀过程中的高温金属碎片飞溅灼伤皮肤。

（4）其他安全用具（Additional safety equipment）

除上述安全用具外，锻造过程中还需要佩戴安全帽、隔热手套、隔热护腿，穿着安全鞋，确保安全生产（图2-11）。

图 2-11 锻刀工匠穿戴安全用具
Satety appliance

2.2 刀坯的锻造过程及刀坯取样 / Forging Process

2.2.1 刀坯的锻造过程 / Forging Process of Knive Blank

在经过如图 2-12 至图 2-15 所示的锻造过程后,参加本次"大云锻刀会"的刀具钢全部顺利锻造成如图 2-16 所示的刀坯。

图 2-12 "大云锻刀会"刀坯锻造现场一景
The scene of knife forging at the MegaCloud Bladesmithing Event

图 2-13 正在电阻炉中加热的刀具钢
Knife steel blank heated in the furnace

图 2-14 利用 75 kg 空气锤锻打刀具钢
Forging tool steel knife with the pneumatic hammer

图 2-15 利用铁锤进行手工锻打
Forging with the hand hammer

图 2-16 锻造后的刀坯
Forged blanks

刀坯锻造 Blank Forging

2.2.2　刀坯的锻造工艺要求　/　Requirements for Knife Forging

锻造成型工艺能够消除材料内部的疏松缺陷，从而优化其组织结构，使之更为致密。碳钢及低合金钢中的合金元素含量少，热塑性强，锻造温度范围大。然而，工模具钢、马氏体不锈钢及高强度钢因合金元素含量高，导致导热性能差、锻造温度窗口狭窄、对过热敏感且热塑性不佳，这些特性无疑增加了锻造工艺的难度。刀坯的锻造工艺要点如下：

- 加热温度及保温时间；
- 始锻和终锻温度；
- 锻造工艺方案的选择；
- 锻后冷却方式；
- 锻后热处理。

根据参会者要求和锻造操作的实际情况，经会议讨论，确定了本次"大云锻刀会"参会刀具钢材料的锻造工艺要求，详见表2.1。

表 2.1 "大云锻刀会"参会刀具钢材料的锻造工艺要求
Forging Process for Knife Steels

类别	牌号	加热温度(°C)	保温时间 (h)	始锻温度(°C)	终锻温度 1(°C)	备注
碳钢及低合金钢	20CrMnTi	1 200	1	1 100	≥ 950	
	X32	1 250	1	1 050	≥ 900	
	42CrMo	1 200	1	1 100	≥ 950	
	45	1 200	1	1 100	≥ 950	
	老钢轨	1 200	1	1 100	≥ 950	
	68CrNiMo	1 250	1	1 050	≥ 900	
	9260	1 200	1	1 100	≥ 950	
	U75V	1 200	1	1 100	≥ 950	
	GCr15*	1 200	1	1 100	≥ 950	
工模具钢	8418	1 150	1	1 080	≥ 900	
	M50	1 200	1	1 100	≥ 850	
	M2	1 200	1	1 100	≥ 950	
	Cr12MoV	1 140	1	-	≥ 900	
	D2	1 140	1	-	≥ 900	

(续表)

类别	牌号	加热温度 (°C)	保温时间 (h)	始锻温度 (°C)	终锻温度 1 (°C)	备注
工模具钢	PSF12151	-	-	1 160	≥900	锻后退火：880 °C保温 2 h，−15 °C/h冷至 700 °C，炉冷至 500 °C出炉空冷
	无碳纳米马氏体不锈钢 *					
	20Cr13N	1 150	-	1 050	≥850	-
	ChromiN®-30 (ThiE)	1 050	1	1 050	≥1 000	
	Cor-Wear®	1 150	-	-	≥950	
	Cronidur 30	1 150	-	-	≥950	
	40Cr13	1 200	1	1 050	≥950	
	40Cr13W	1 200	1	1 050	≥950	
马氏体不锈钢	50Cr15MoV	1 200	2	1 120	≥950	
	5Cr15MoVN	1 200	2	1 120	≥950	
	60Cr16MoMA	1 160	1	1 100	≥950	
	7Cr17MoV	1 200	2	1 120	≥950	
	X70CrMo15	1 150	-	-	≥950	
	6Cr13	1 200	1	-	-	
	90Cr18MoV	1 170	-	1 080	≥900	球化退火：860 °C保温 40 min，砂冷

(续表)

类别	牌号	加热温度(°C)	保温时间(h)	始锻温度(°C)	终锻温度1(°C)	备注
马氏体不锈钢	AG-10	1 200	-	1 050	≥850	锻后缓冷
	CJ690	1 100	1	1 000	≥850	锻后退火：850 °C保温 4 h，降至 500 °C出炉空冷
	440C	1 180	-	1 080	≥900	
	BKD2400L	1 100	1	-	≥900	
	A800	1 150	1	1 100	≥950	
超高强度钢	725	1 250	-	-	≥800	
	726R	1 200	1	1 150	≥850	
	726F	1 200	-	1 150	≥850	
	8109	1 200	1	1 100	≥950	
	820	1 150	2	1 100	≥900	

注：*GCr15 锻后开裂，后续未加相关检测
* 无碳纳米马氏体不锈钢仅参加大会
始锻和终锻温度为参会单位提供，终锻温度在实际锻造过程中因手工锻造温度控制困难而存在一定误差

2.2.3 刀坯的取样 / Sampling of Blanks

为了对各刀具钢材料锻造的刀坯开展微观组织观察，统一对刀坯于如图 2-17 所示的位置进行取样，微观组织观察为该取样的截面。

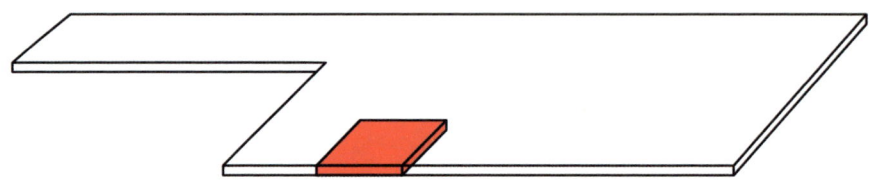

图 2-17 锻造刀坯微观组织观察取样位置示意图
Schematic diagram of sampling locations for microstructure observation of forged blanks

2.3 碳钢及低合金钢类刀坯的微观组织 / Microstructure of Forged Carbon Steel and Low Alloy Steel

本次参加"大云锻刀会"的碳钢及低合金钢类刀坯的微观组织观察结果如图 2-18 至图 2-25 所示，其中，左侧图片为光学显微镜观察结果，右侧图片为扫描电镜观察结果。

 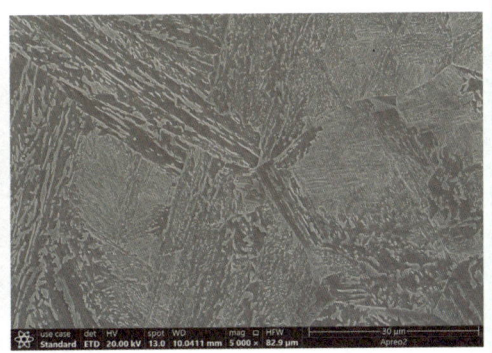

图 2-18 20CrMnTi 钢锻造刀坯空冷组织为贝氏体

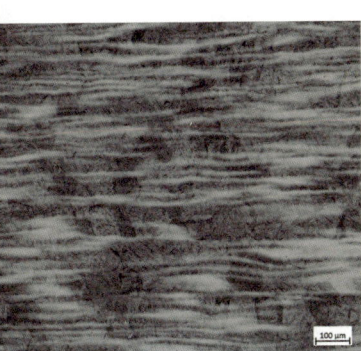 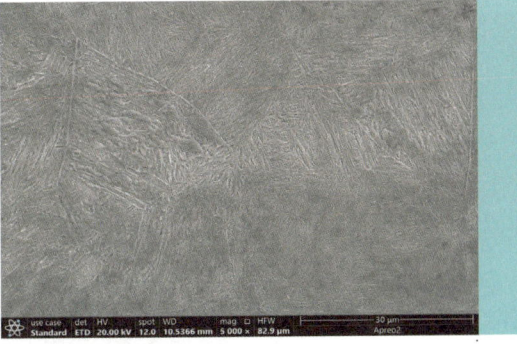

图 2-19 X32 锻造刀坯空冷组织为马氏体

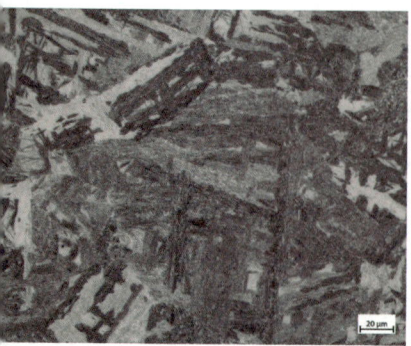 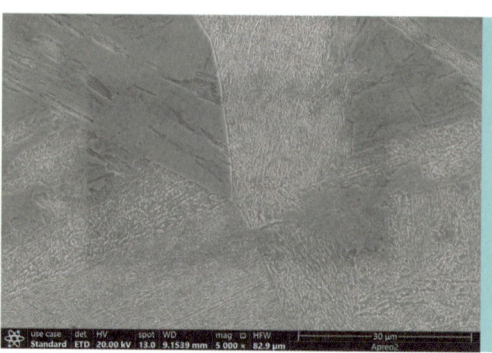

图 2-20 42CrMo 锻造刀坯空冷组织为贝氏体 + 马氏体

 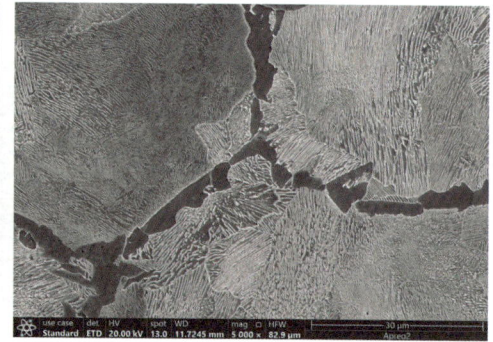

图 2-21 45 钢锻造刀坯空冷组织为先共析铁素体 + 珠光体

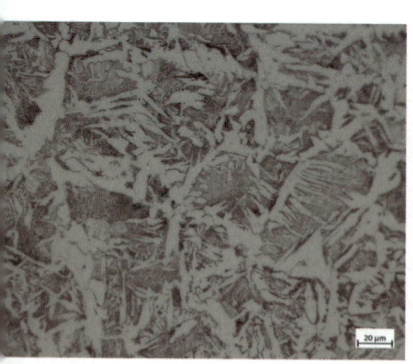 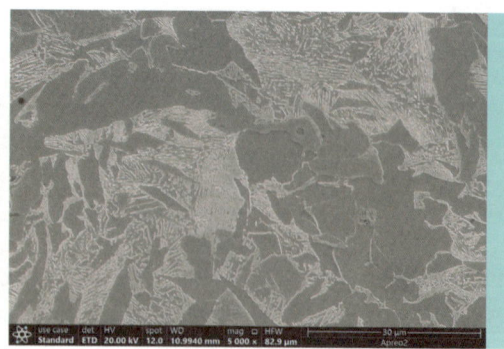

图 2-22 老钢轨锻造刀坯空冷组织为铁素体 + 珠光体 + 少量贝氏体

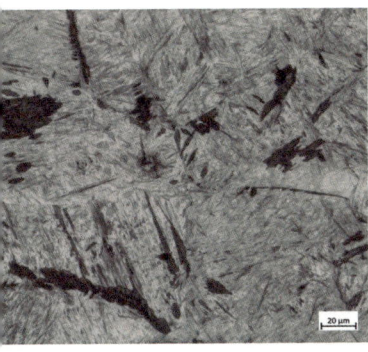 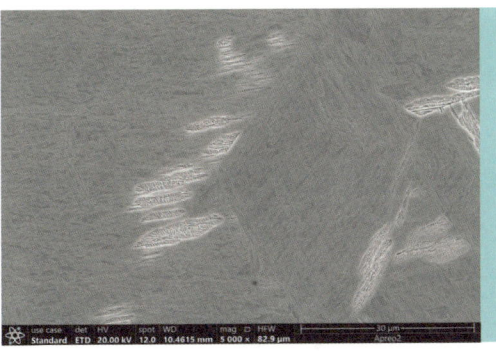

图 2-23 68CrNiMo 锻造刀坯空冷组织为珠光体 + 少量马氏体

 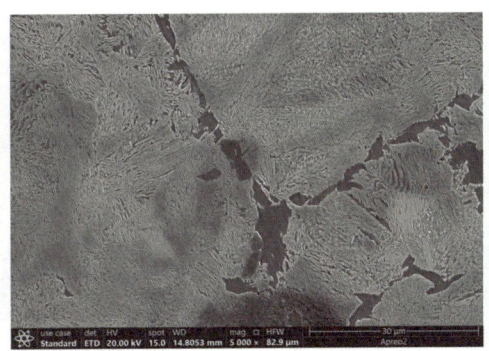

图 2-24 9260 锻造刀坯空冷组织为珠光体 + 少量铁素体

图 2-25 U75V 锻造刀坯空冷组织为珠光体 + 少量铁素体

2.4 工模具钢类刀坯的微观组织 / Microstructure of Forged Tool and Die Steel

本次参加"大云锻刀会"的工模具钢类刀坯的微观组织观察结果如图 2-26 至图 2-31 所示,其中,左侧图片为光学显微镜观察结果,右侧图片为扫描电镜观察结果。

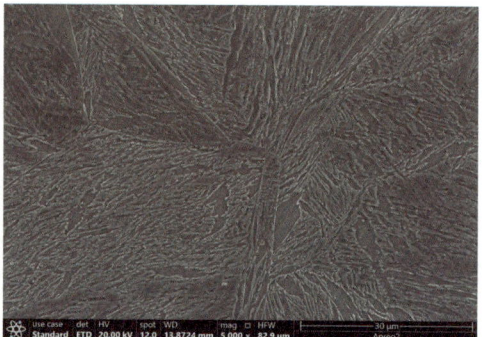

图 2-26 8418 锻造刀坯空冷组织为马氏体

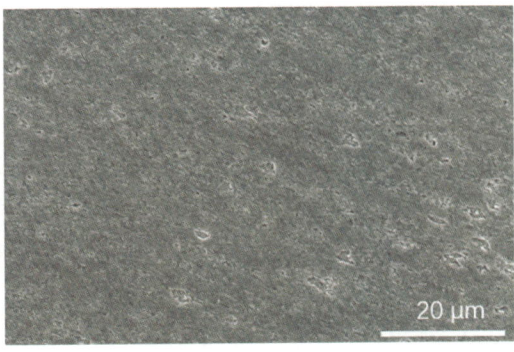

图 2-27 M50 锻造刀坯空冷组织为马氏体 + 碳化物

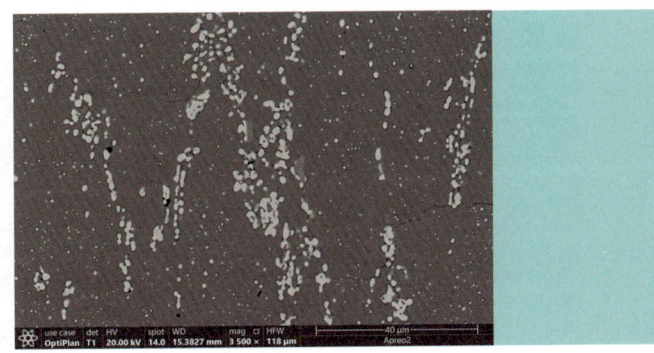

图 2-28 M2 锻造刀坯为马氏体 + 莱氏体共晶碳化物

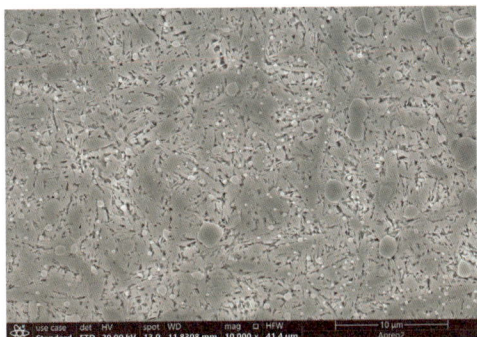

图 2-29 Cr12MoV 锻造刀坯空冷组织为马氏体 + 碳化物

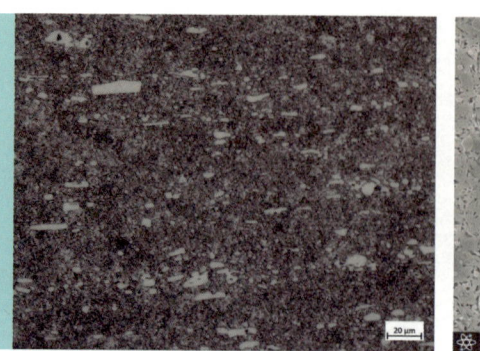
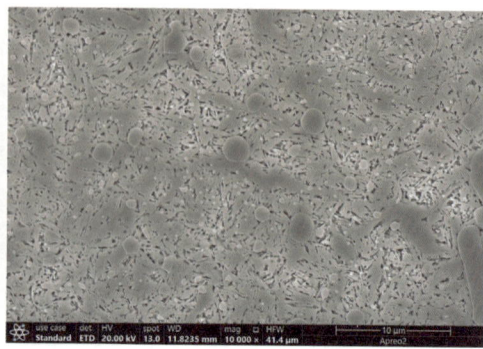

图 2-30 D2 锻造刀坯空冷组织为马氏体 + 碳化物

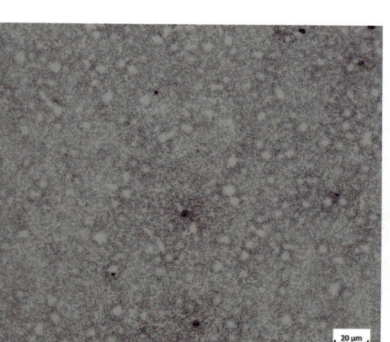
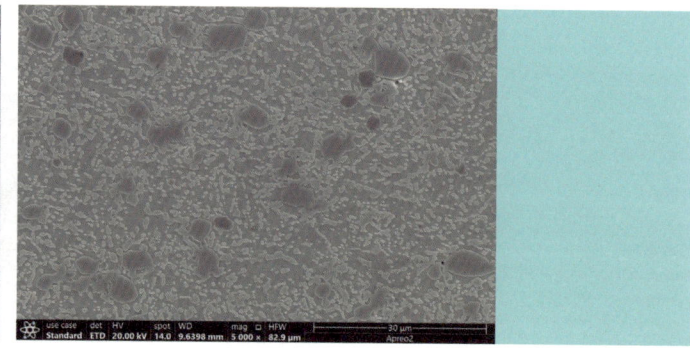

图 2-31 PSF12151 锻造刀坯锻后退火组织为马氏体 + 碳化物

2.5 马氏体不锈钢类刀坯的微观组织 / Microstructure of Forged Martensitic Stianless Steel

本次参加"大云锻刀会"的马氏体不锈钢类刀坯的微观组织观察结果如图 2-32 至图 2-47 所示,其中,左侧图片为光学显微镜观察结果,右侧图片为扫描电镜观察结果。

 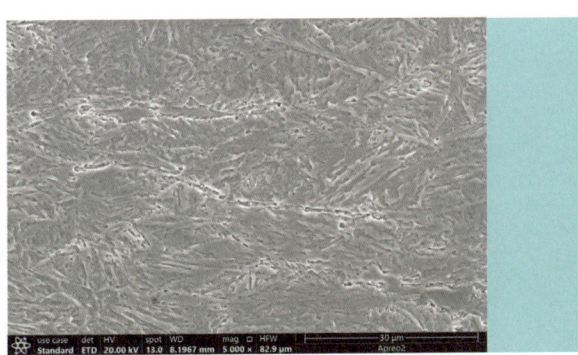

图 2-32 20Cr13N:锻造刀坯空冷组织为马氏体 + 碳化物

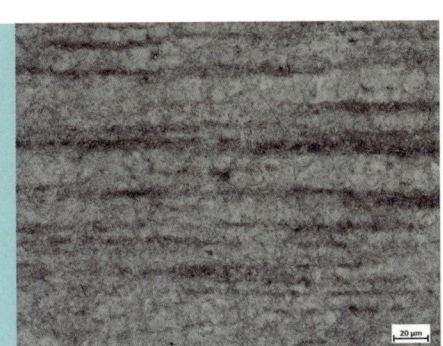 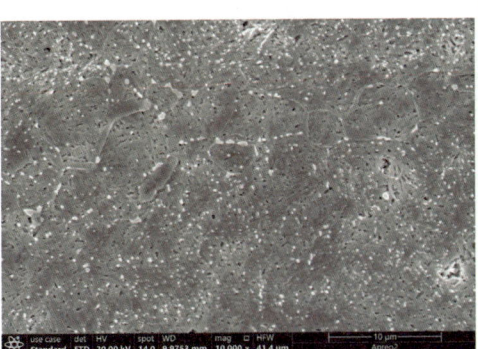

图 2-33 ChromiN®-30(ThiE)锻造刀坯空冷组织为马氏体 + 碳化物

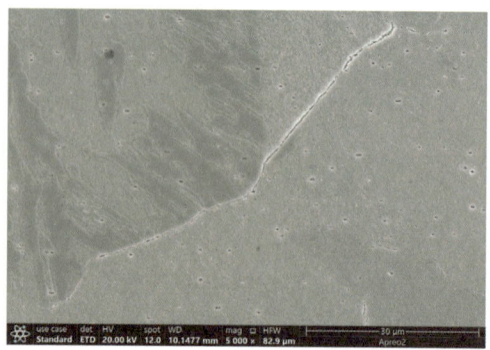

图 2-34 Cor-Wear® 锻造刀坯空冷组织为铁素体 + 碳化物

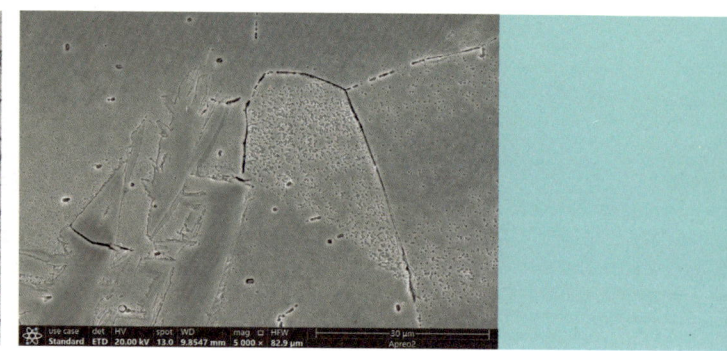

图 2-35 Cronidur 30 锻造刀坯空冷组织为马氏体

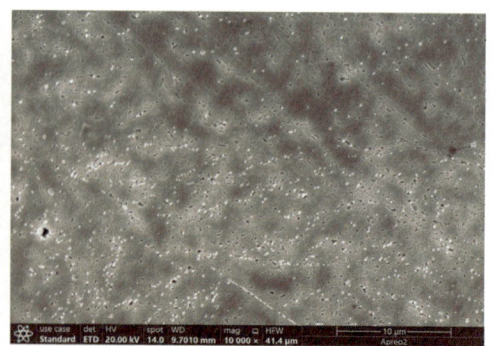

图 2-36 40Cr13 锻造刀坯空冷组织为马氏体 + 碳化物

 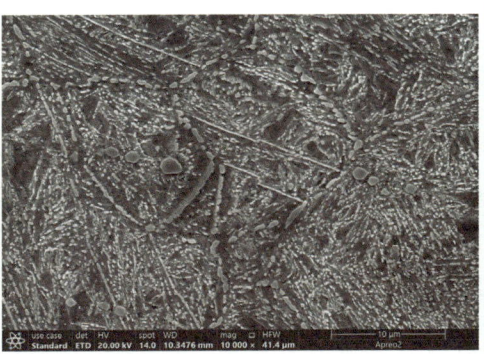

图 2-37 40Cr13W 锻造刀坯空冷组织为马氏体 + 碳化物

 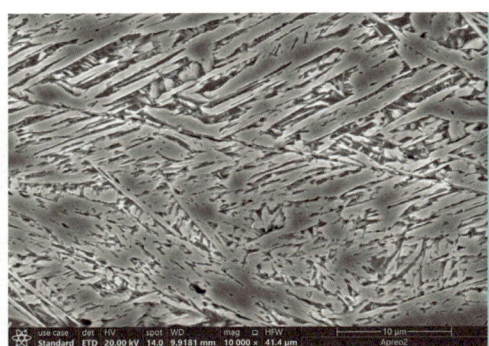

图 2-38 50Cr15MoV 锻造刀坯空冷组织为马氏体 + 碳化物

 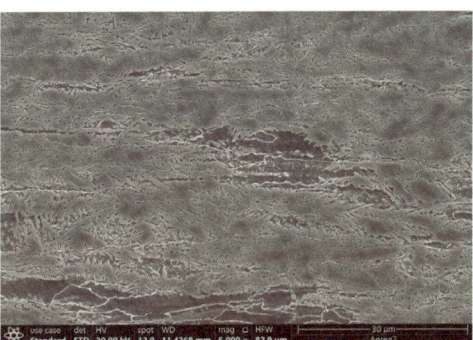

图 2-39 5Cr15MoVN 锻造刀坯空冷组织为马氏体 + 碳化物

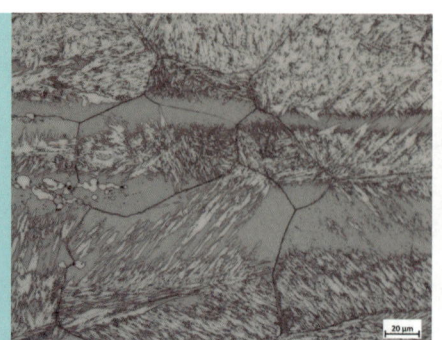
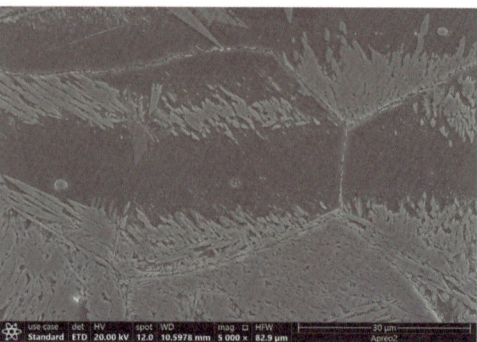

图 2-40 X70CrMo15 锻造刀坯空冷组织为马氏体 + 铁素体 + 碳化物

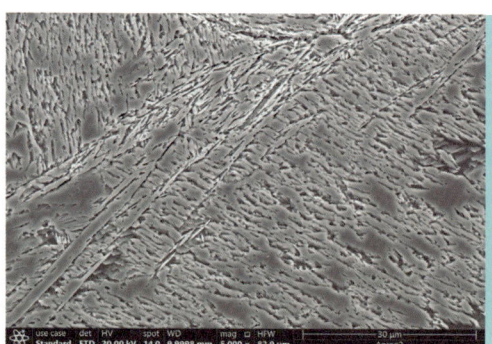

图 2-41 60Cr16MoMA 锻造刀坯空冷组织为马氏体 + 碳化物

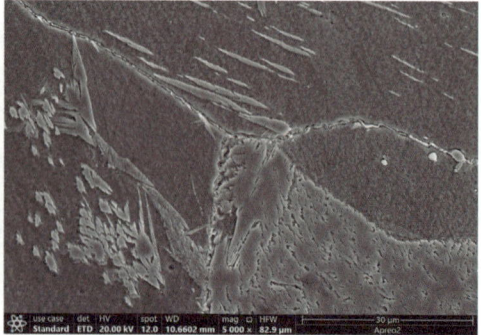

图 2-42 6Cr13 锻造刀坯空冷组织为马氏体 + 铁素体 + 碳化物

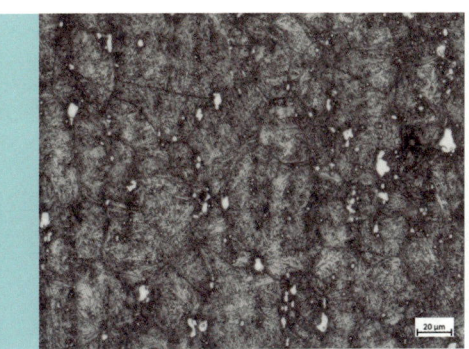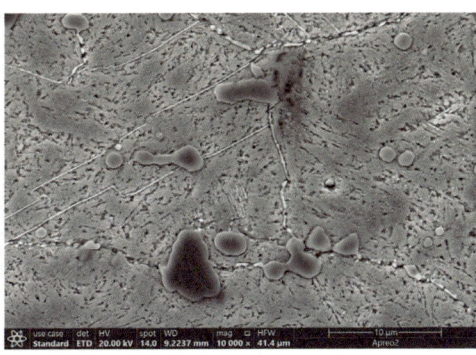

图 2-43 70Cr17MoV 锻造刀坯空冷组织为马氏体 + 碳化物

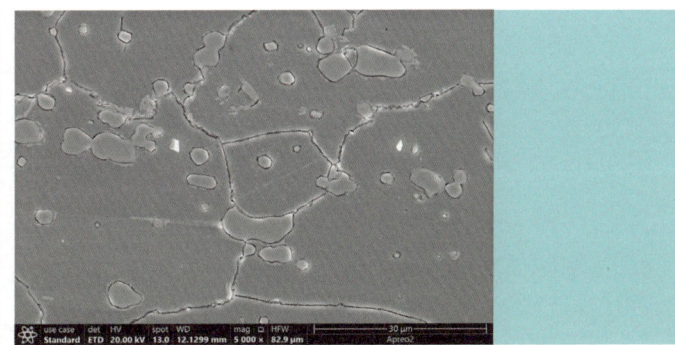

图 2-44 90Cr18MoV 锻造刀坯锻后退火组织为铁素体 + 碳化物

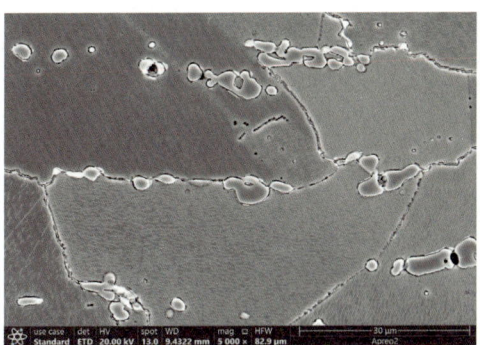

图 2-45 AG-10 锻造刀坯锻后缓冷组织为铁素体 + 碳化物

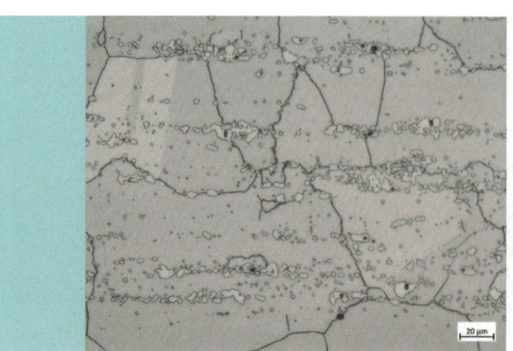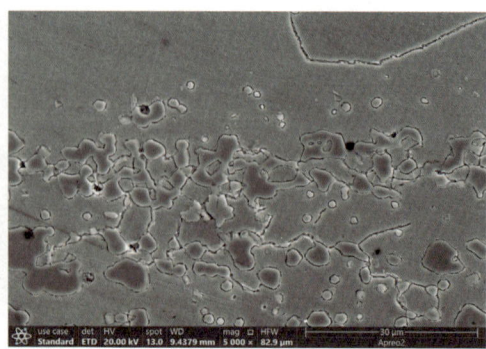

图 2-46 CJ690 锻造刀坯锻后埋砂冷却组织为铁素体 + 碳化物

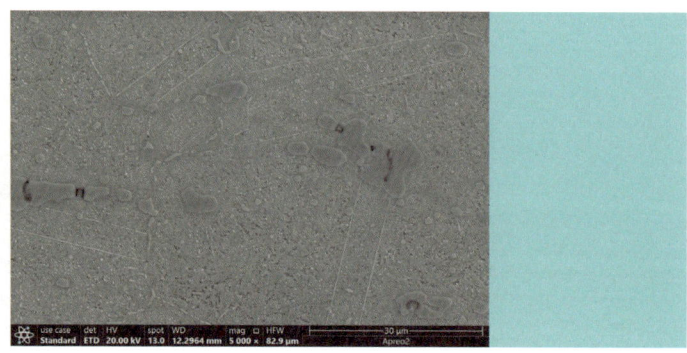

图 2-47 440C 锻造刀坯空冷组织为马氏体 + 碳化物

2.6 超高强度钢类刀坯的微观组织 / Microstructure of Forged Ultra-high Strength Steel

本次参加"大云锻刀会"的超高强度钢类刀坯的微观组织观察结果如图 2-48 至图 2-54 所示，其中，左侧图片为光学显微镜观察结果，右侧图片为扫描电镜观察结果。

 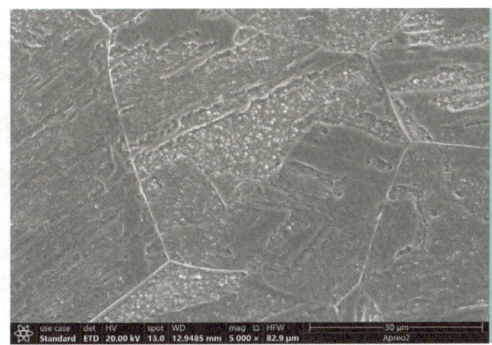

图 2-48 BKD2400L 锻造刀坯空冷组织为马氏体

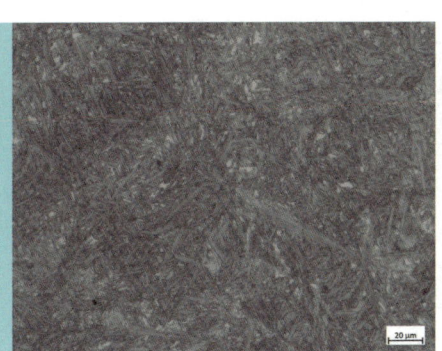 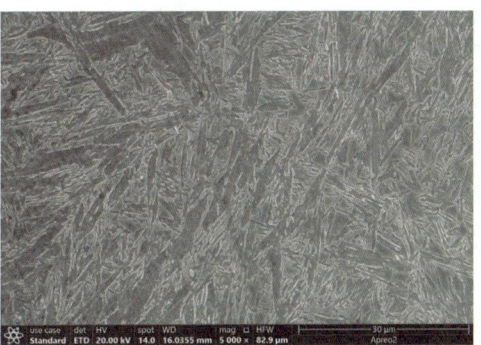

图 2-49 A800 锻造刀坯空冷组织为马氏体

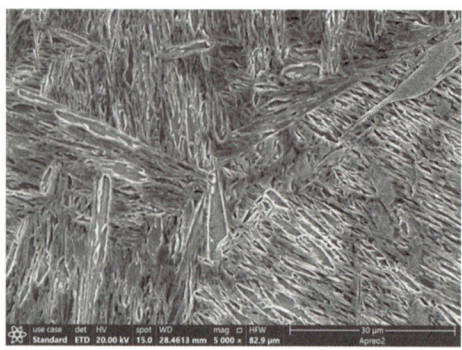

图 2-50 725 锻造刀坯空冷组织为马氏体 + 碳化物

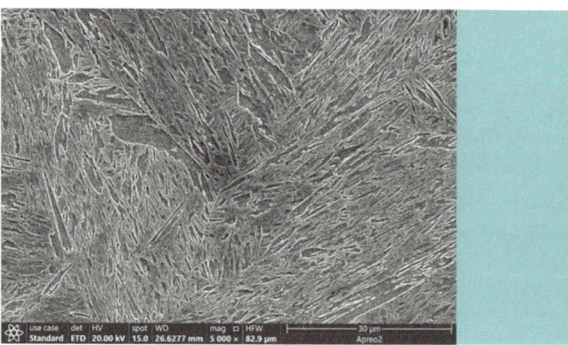

图 2-51 726R 锻造刀坯空冷组织为马氏体

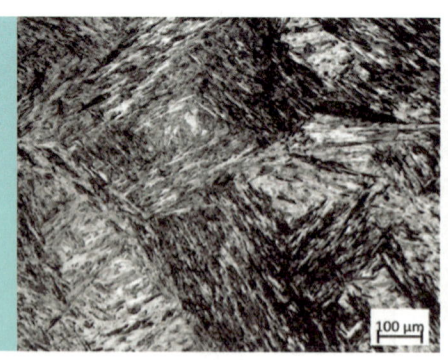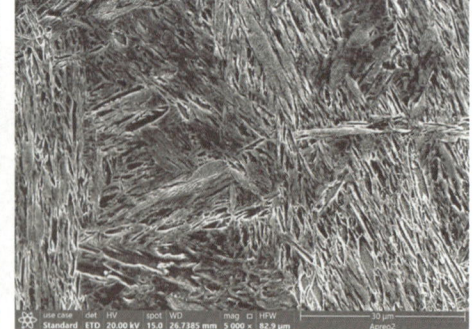

图 2-52 726F 锻造刀坯空冷组织为马氏体

 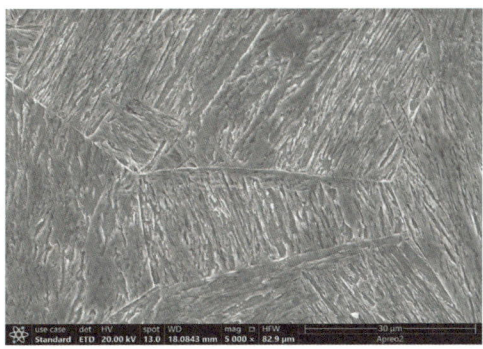

图 2-53 8109 锻造刀坯空冷组织为马氏体

 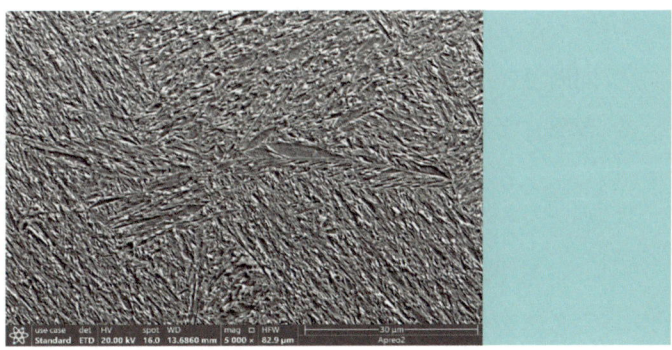

图 2-54 820 锻造刀坯空冷组织为马氏体 + 碳化物

2.7 刀坯锻造结果总结 / Summary

碳钢及低合金钢的淬透性低，刀坯锻后空冷组织主要为铁素体+珠光体，42CrMo 和老钢轨锻造后空冷组织出现少量贝氏体，68CrNiMo 钢中出现少量马氏体。工模具钢、马氏体不锈钢、超高强度钢等合金含量高，淬透性高，锻后刀坯空冷组织主要为马氏体+碳化物，部分锻后空冷组织出现铁素体。工模具钢中的碳化物类型包含一次碳化物和冷却过程中析出的二次碳化物。

工模具钢中的 M2 钢锻造刀坯微观组织中可见大量微裂纹；不锈钢类中的 Cronidur 30 锻后刀坯微观组织中可见细小的沿晶和穿晶裂纹，同时 AG-10、CJ690 和 440C 锻后刀坯微观组织中存在碳化物被锻裂的现象，上述刀具钢的锻造工艺需要更严格控制。

工模具钢、马氏体不锈钢、超高强度钢锻造刀坯冷却应力大，建议锻后采用缓冷或者退火以消除内应力。

基于锻后刀坯微观组织的观察结果，结合刀具锻造的工艺流程，进一步需要探究如下问题：

1. 用这四类钢锻造刀坯的难易程度（热变形抗力）分别如何？
2. 在保证锻造刀坯成形的情况下如何获得合适的基体和碳化物组织？
3. 这四类钢的锻造刀坯应采取何种锻后冷却方式来减少其内应力？

03

刀坯热处理

HEAT TREATMENT

在厨用刀具制作过程中,热处理是决定刀刃性能的关键环节。通过适当的加热、保温和冷却步骤,金属内部结构得以优化,从而获得更佳的硬度、韧性与耐磨性的结合。无论是传统碳钢,还是高端粉末冶金钢材,都需要经过精确的热处理,使得最终成品可使厨用刀具在切割食材时兼具锋利度与耐用度,不仅能够轻松应对硬壳、坚韧的食材,更能在长时间使用中保持稳定品质。

本章将介绍"大云锻刀会"中的热处理工艺及其对钢材微观组织及性能的影响。"大云锻刀会"的参会材料几乎涵盖了所有类型的刀具钢。这可以帮助读者根据预期用途与性能要求,合理根据刀具钢的类型确定热处理方案,打造专属于您的"屠龙宝刀"。

本次"大云锻刀会"参会刀具钢采用的热处理工艺均由各参会单位提供,详见表3.1。

刀坯热处理 Heat Treatment

表 3.1 参会刀具钢采用的热处理工艺
Heat treatment process of the knife steels

类别	牌号	淬火温度(°C)	保温时间(min)	冷却介质	深冷温度(°C)	保温时间(min)	回火温度(°C)	保温时间(min)
碳钢及低合金钢	20CrMnTi	880	30	油	-	-	230	90
	X32	1 160	20	油	-	-	600	30
	42CrMo	900	10	油	-	-	200	120
	45	990	10	油	-	-	200	120
	老钢轨	900	10	油	-	-	200	120
	68CrNiMo	1 250	60	油	-	-	420	30
	9260	950	60	油	-	-	200	120
	U75V	900	10	油	-	-	200	120
工模具钢	8418	1 025	15	油	-	-	560	120
	M50	1 100	30	油	-	-	540	120
	M2	1 220	20	油	-	-	560	120(3次)
	Cr12MoV	1 060	15	油	-	-	520	120
	D2	1 050	20	油	-	-	560	120(2次)
	PSF 12151	1 150	30	油	−170	360	510	120(2次)

(续表)

类别	牌号	淬火温度 (°C)	保温时间 (min)	冷却介质	深冷温度 (°C)	保温时间 (min)	回火温度 (°C)	保温时间 (min)
	20Cr13N	940	60	油	-	-	200	60
	ChromiN®-30 (ThiE)	1 050	10	油	-	-	180	180
	Cor-Wear®	1 030	30	油	−73	120	150	120
	Cronidur 30	1 030	30	油	−73	120	150	120
	40Cr13	1 050	30	油	-	-	200	60
	40Cr13W	1 050	30	油	-	-	200	60
	5Cr15MoV	1 050	30	油	−73	120	200	60
马氏体不锈钢	5Cr15MoVN	1 060	10	油	-	-	160	60
	60Cr16MoMA	1 075	35	油	-	-	180	60
	7Cr17MoV	1 050	30	油	−73	120	200	60
	X70CrMo15	1 080	30	油	-	-	180	60
	6Cr13	1 050	20	油	-	-	220	120
	90Cr18MoV	1 060	20	油	-	-	170	60
	AG-10	950	15	油	-	-	180	60
	CJ690	1 070	30	油	-	-	180	120
	440C	1 060	15	油	-	-	170	120

(续表)

类别	牌号	淬火温度（℃）	保温时间（min）	冷却介质	深冷温度（℃）	保温时间（min）	回火温度（℃）	保温时间（min）
超高强度钢	BKD2400L	950	15	水	−196	120	540	240
	A800	950	30	油	-	-	510	120
	725	1 060	40	水	-	-	630	90
	726R	980	60	水	-	-	200	120
	726F	980	60	水	-	-	200	120
	8109	860	40	油	-	-	280	90
	820	980	20	油	-	-	280	120

刀坯热处理 Heat Treatment

3.1 刀坯淬火 / Blank Quenching

3.1.1 淬火原理与工艺 / Hardening Principle and Processing

淬火工艺包含奥氏体化和快速冷却两大步骤。在此过程中，刀具常用的过共析钢需加热至奥氏体转变的临界温度以上，并保持一定时间，确保钢材组织完全奥氏体化。随后，以超过钢材临界冷却的速度迅速冷却，直至温度降至马氏体开始转变点温度以下，从而实现钢材组织的马氏体转变。其原理如图 3-1 所示。

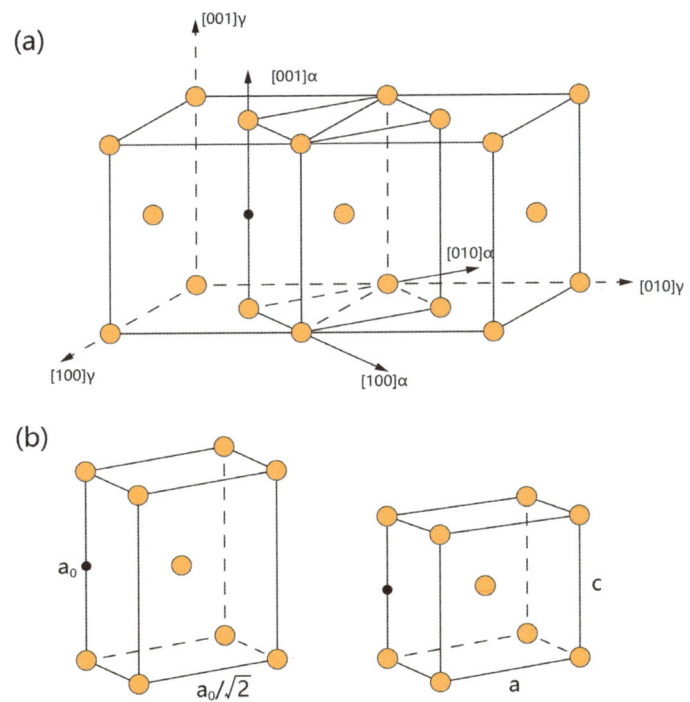

图 3-1 淬火的硬化原理 (a) 奥氏体中的体心四方晶胞由 [100] α 轴标识 (b) 从奥氏体到马氏体的晶格变形（Bain 应变）之前（左）和之后的 bct 晶胞（右）Quenching Hardening Mechanism(a) Body-centered tetragonal unit cell in austenite indicated by the [100] α axis (b) BCT unit cell before (left) and after (right) the lattice deformation (Bain strain) during the transformation from austenite to martensite

刀坯淬火工艺涉及三个关键参数：淬火加热温度、保温时间以及冷却方式。

淬火加热温度的选择对金属的硬度和耐磨性有显著影响。

保温时间根据材料和淬火温度而定。

冷却方式则对刀的硬度和韧性有重要影响，常用的淬火介质包括水、油、盐等。

参加"大云锻刀会"的四类刀具钢的刀坯淬火工艺参数如图 3-2 所示。

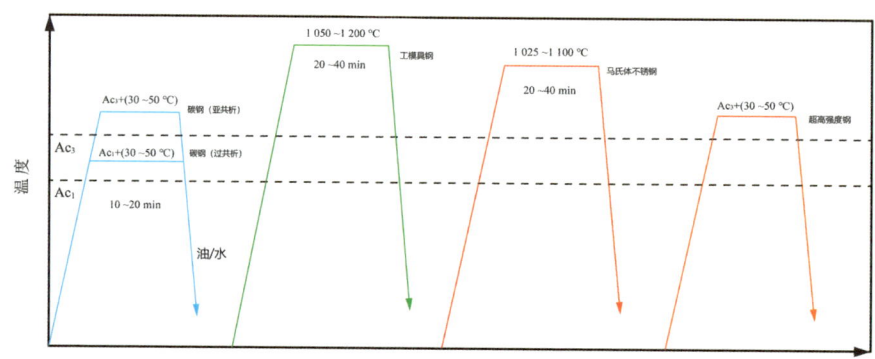

图 3-2 四类刀具钢的刀坯淬火工艺参数
Quenching regimes of knife steels

在刀坯热处理过程中，为保证刀具的性能稳定和安全，需根据情况选择合适的淬火介质，这些介质分为液体、气体、固体三类。刀坯淬火通常选用液体介质，其一般为水或淬火油，通过物态变化带走热量，经历蒸气膜、沸腾和对流三个冷却阶段。水与淬火油的冷却能力对比详见表 3.2。刀具钢在水或油中的冷却强度，即单位时间内单位面积移除热量的，在冷却对象为 200 ℃~300 ℃时，50 ℃淬火介质下淬火油的冷却能力仅为水的 11%。这一差异是双介质淬火（先水淬后油冷）工艺应用的关键。

表 3.2 水与淬火油的冷却能力对比（以 20 ℃水为基准）
Comparison of cooling abilities of water and quenching oil (with 20 °C water as the benchmark)

淬火介质	冷却强度对比	
	冷却对象温度为 550 ℃ ~650 ℃	冷却对象温度为 200 ℃ ~300 ℃
0℃水	1.06	1.02
20℃水	1.00	1.00
50℃水	0.17	1.00
100℃水	0.044	0.71
50℃油	0.25	0.11

3.1.2 淬火过程控制重点及易出现的质量问题 / Key Control Points in the Quenching Process

（1）摆放方式

在执行刀具淬火升温加热的过程中，必须确保刀具在炉内的摆放间距得当（图 3-3）。刀具重叠区域的加热效果会大打折扣，因此不可将刀具紧密堆叠在一起加热，否则会引发氧化脱碳等不良后果，严重影响刀具的质量和使用寿命。

图 3-3 升温加热的过程中的刀坯摆放
Placement of blanks in the furnace

（2）淬火温度

淬火过程中的加热温度必须精确控制，以确保刀具的性能得到最佳提升。若温度过高，可能会引起刀具淬裂，而温度过低则无法达到预期的强化效果。

（3）淬火介质

刀具一般采用单液淬火，其淬火介质的特点和使用建议详见表3.3。

表 3.3 淬火介质的特点及使用建议

Characteristics of quenching medium and usage recommendations

淬火介质	特点	使用建议
水	历史悠久、经济、应用广泛且便捷，但冷却能力受温度波动影响	建议该介质的使用温度为20 ℃~40 ℃，一般不超过60 ℃；纯水主要用于低含碳量、简单形状钢材的淬火
淬火油	冷却能力主要取决于其流动性；常温下流动性差的油冷却能力弱，温度升高可增强流动性，提升冷却效果	该介质的通常保持在较高温度，使用温度为40 ℃~80 ℃，但安全考虑限制其上限为120 ℃

3.1.3 加热脱碳 / Decarburization

在刀具加热及保温过程中，由于受到加热炉气氛的影响，其表面层的碳元素可能会完全或部分地流失，其被称为脱碳现象。若刀具的碳含量高、加热温度高且保温时间长，脱碳现象将更加明显。为避免严重脱碳，在实际热处理过程中可采用真空热处理或在刀具表面涂覆防氧化涂层进行保护热处理。"大云锻刀会"参会的刀具钢材料的典型脱碳现象如图3-4和图3-5所示。

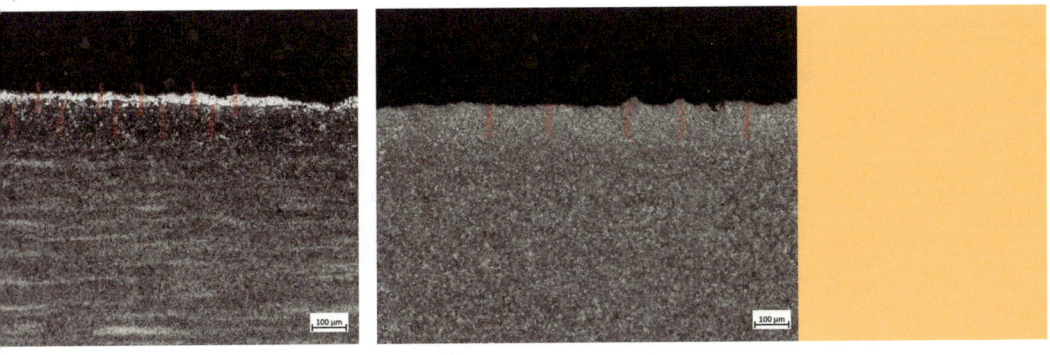

图 3-4 60Si2Mn 和 20CrMnTi 的脱碳
Decarburization of 60Si2Mn and 20CrMnTi

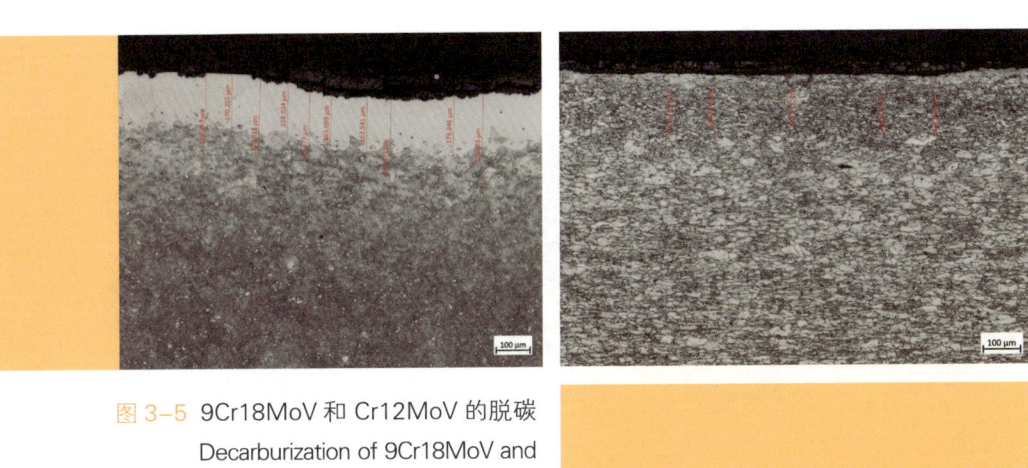

图 3-5 9Cr18MoV 和 Cr12MoV 的脱碳
Decarburization of 9Cr18MoV and Cr12MoV

3.1.4 碳钢及低合金钢类刀坯淬火后的微观组织 / Microstructure of Quenched Carbon Steel and Low Alloy Steel

本次参加"大云锻刀会"的碳钢及低合金钢类刀坯淬火后的微观组织观察结果如图 3-6 至图 3-13 所示，其中，左侧图片为光学显微镜观察结果，右侧图片为扫描电镜观察结果。

 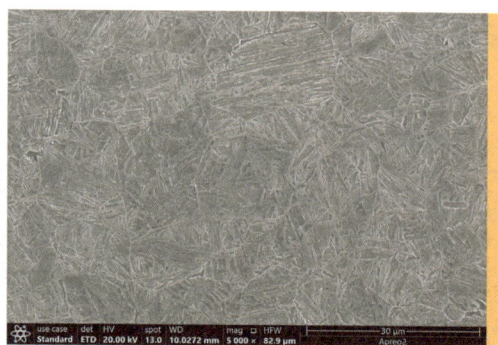

图 3-6 20CrMnTi 钢刀坯油淬后的组织为马氏体

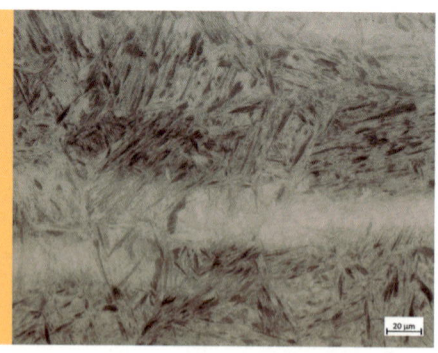 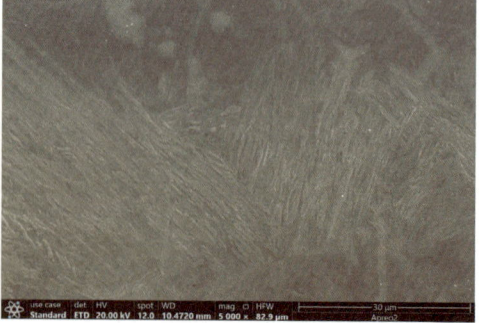

图 3-7 X32 刀坯油淬后的组织为马氏体

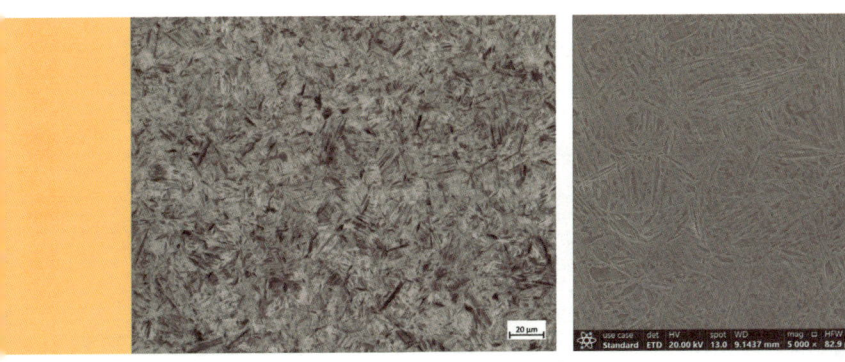

图 3-8 42CrMo 刀坯油淬后的组织为马氏体 + 贝氏体

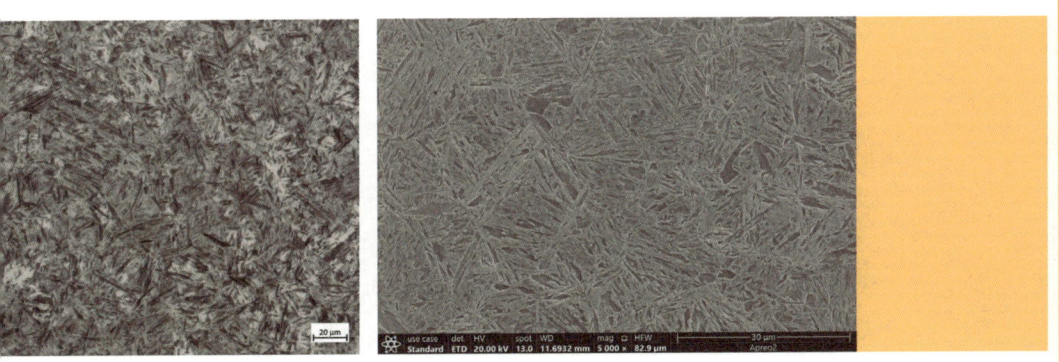

图 3-9 45 钢刀坯油淬后的组织为马氏体 + 贝氏体

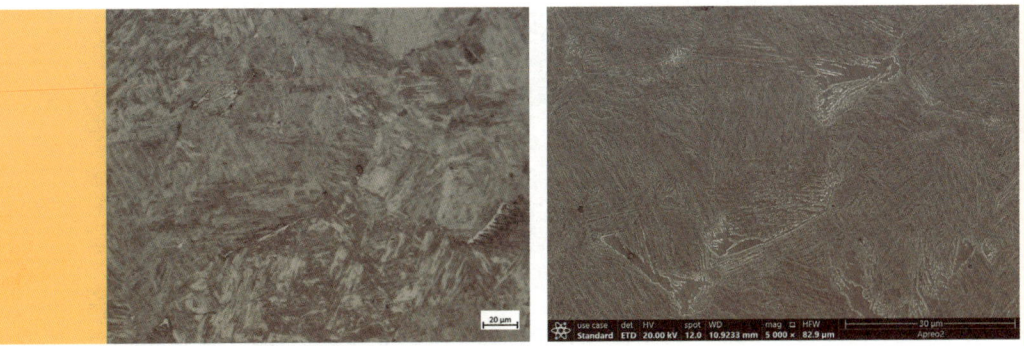

图 3-10 老钢轨刀坯油淬后的组织为马氏体 + 少量铁素体

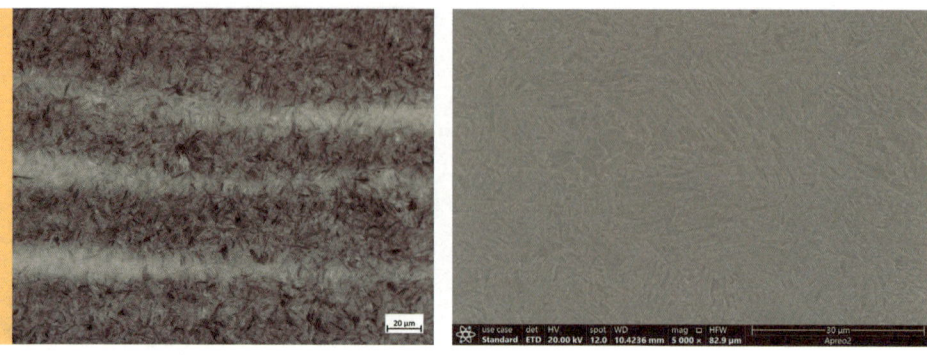

图 3-11 68CrNiMo 刀坯油淬后的组织为马氏体

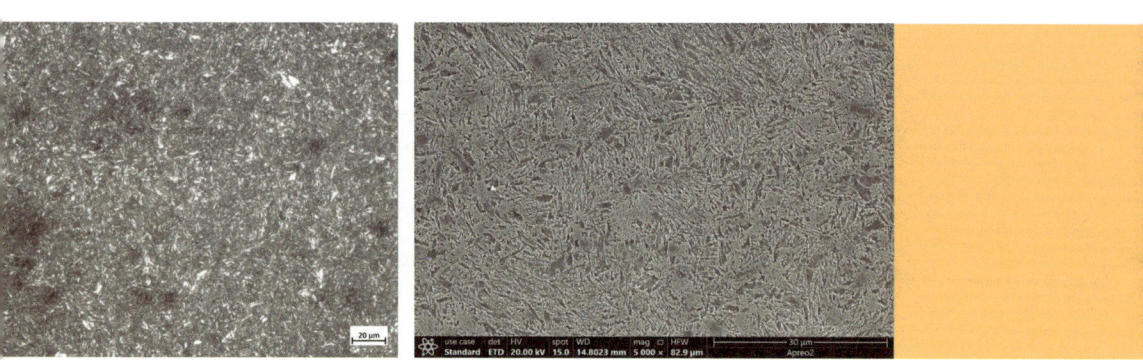

图 3-12 9260 刀坯油淬后的组织为马氏体

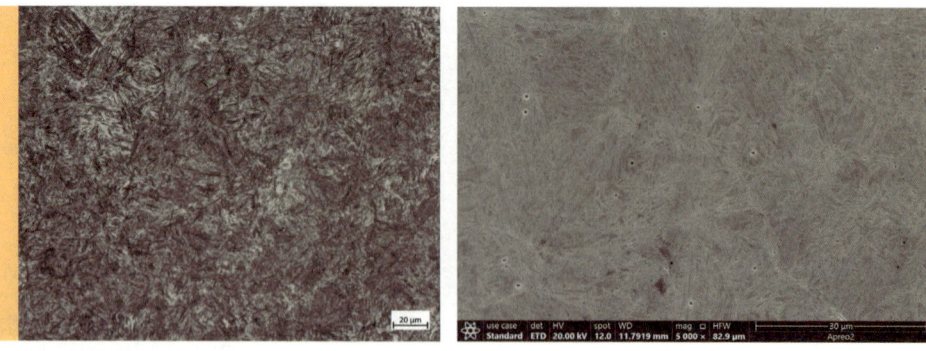

图 3-13 U75V 刀坯油淬后的组织为马氏体

3.1.5 工具钢类刀坯淬火后的微观组织 / Microstructure of Quenched Tool and Die steel

本次参加"大云锻刀会"的工具钢类刀坯淬火后的微观组织观察结果如图 3-14 至图 3-19 所示,其中,左侧图片为光学显微镜观察结果,右侧图片为扫描电镜观察结果。

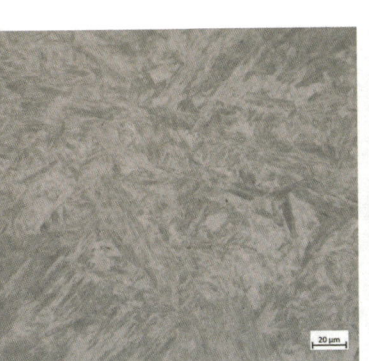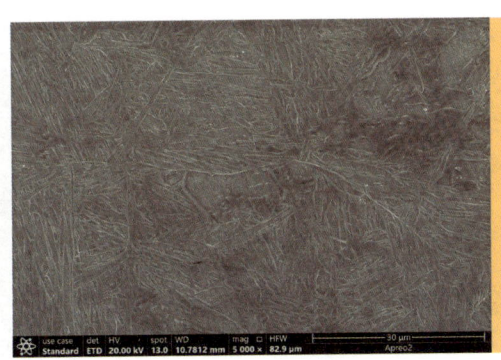

图 3-14 8418 刀坯油淬后的组织为马氏体 + 少量碳化物

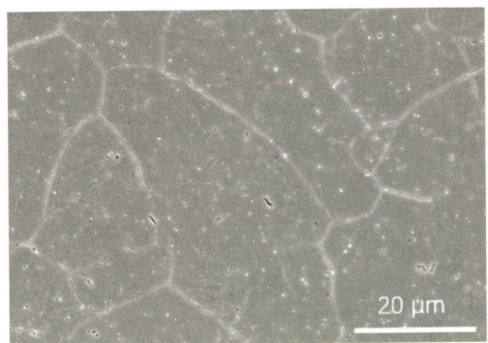

图 3-15 M50 刀坯油淬后的组织为马氏体 + 碳化物

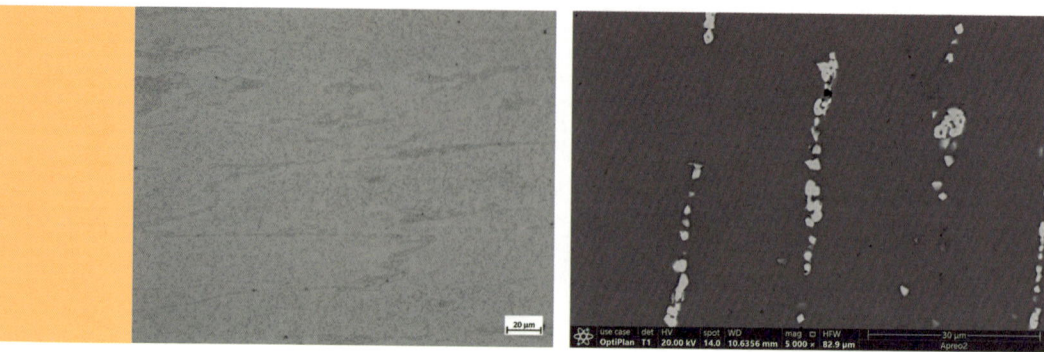

图 3-16 M2 刀坯油淬后的组织为马氏体 + 碳化物

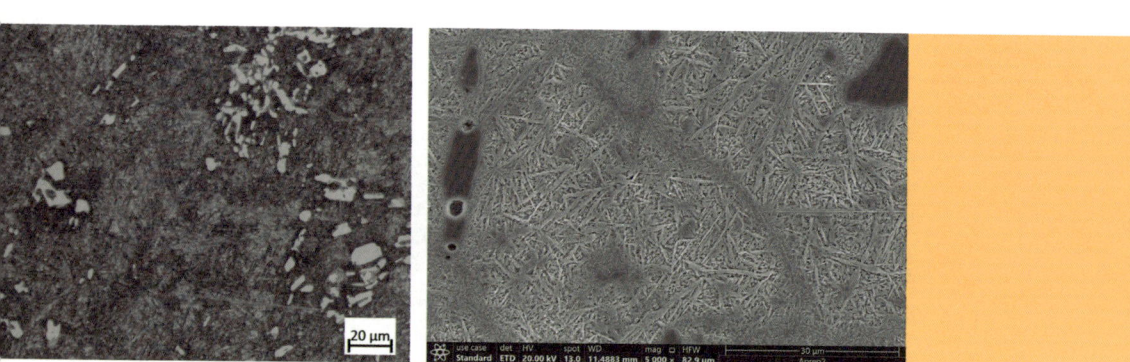

图 3-17 Cr12MoV 刀坯油淬后的组织马氏体 + 碳化物

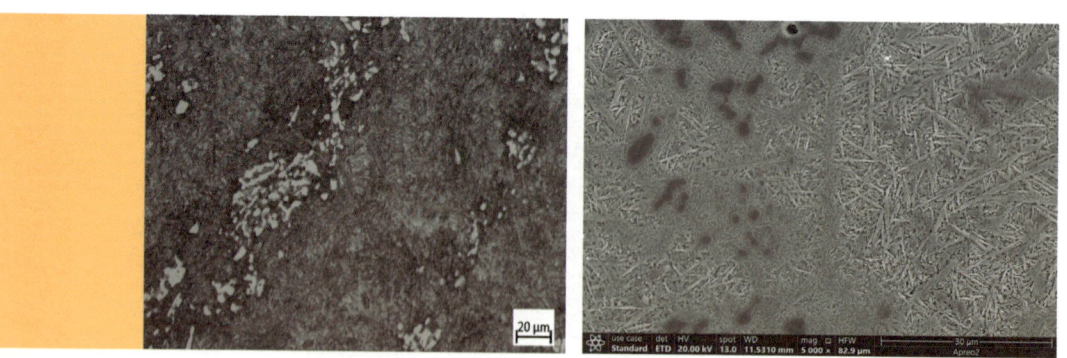

图 3-18 D2 刀坯油淬后的组织为马氏体 + 碳化物

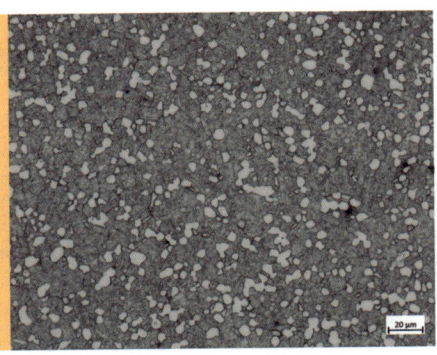 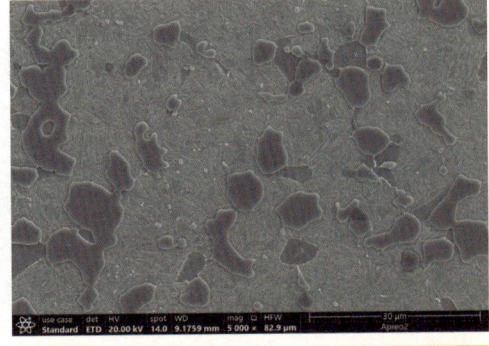

图 3-19 PSF12151 刀坯油淬后的组织为马氏体 + 碳化物

3.1.6 马氏体不锈钢类刀坯淬火后的微观组织 / Microstructure of Quenched Martensitic Stainless Steel

马氏体不锈钢类锻造刀坯淬火后组织为马氏体 + 碳化物。碳化物尺寸、类型和大小与合金元素种类和含量相关。本次参加"大云锻刀会"的马氏体不锈钢类刀坯淬火后的微观组织观察结果如图 3-20 至图 3-35 所示，其中，左侧图片为光学显微镜观察结果，右侧图片为扫描电镜观察结果。

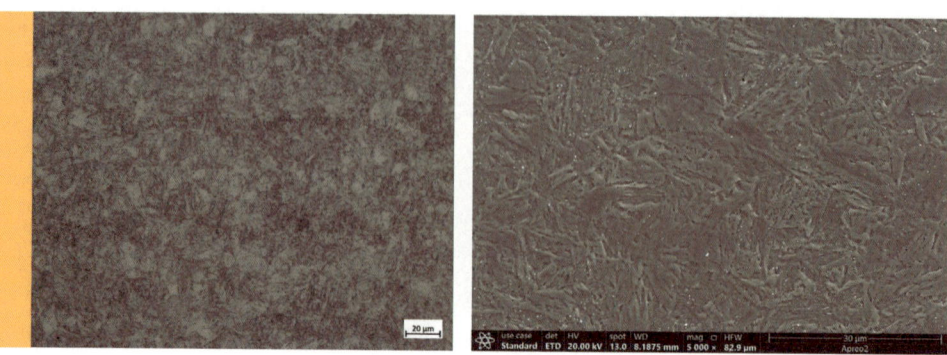

图 3-20 20Cr13N 刀坯油淬后组织为马氏体 + 碳化物

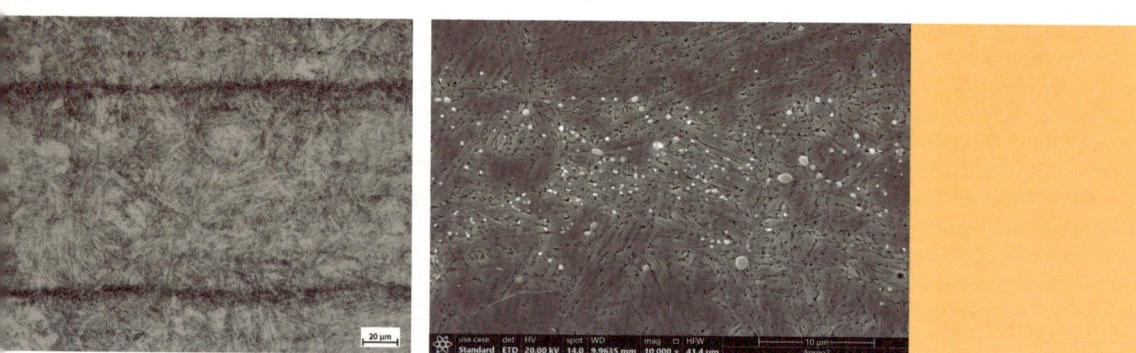

图 3-21 ChromiN®-30（ThiE）刀坯油淬后的组织为马氏体 + 碳（氮）化物

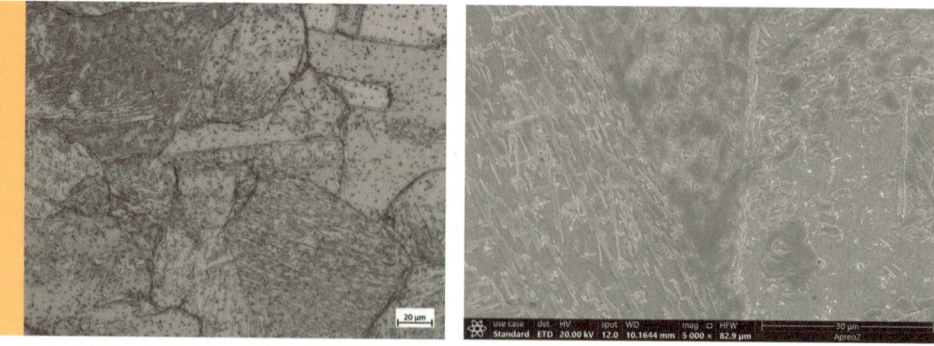

图 3-22 Cor-Wear® 刀坯油淬后组织为马氏体 + 碳化物

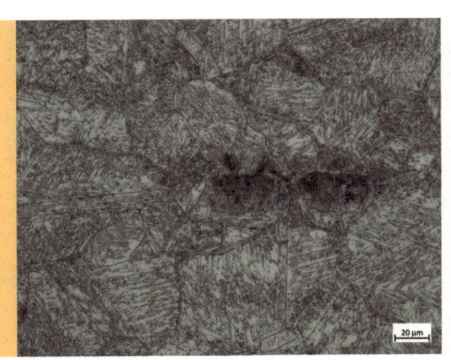
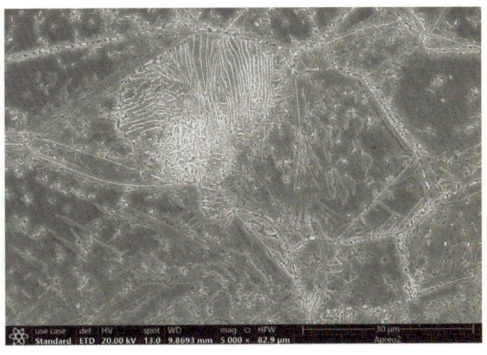

图 3-23 Cronidur 30 刀坯油淬后组织为马氏体 + 珠光体 + 碳化物（氮化物）

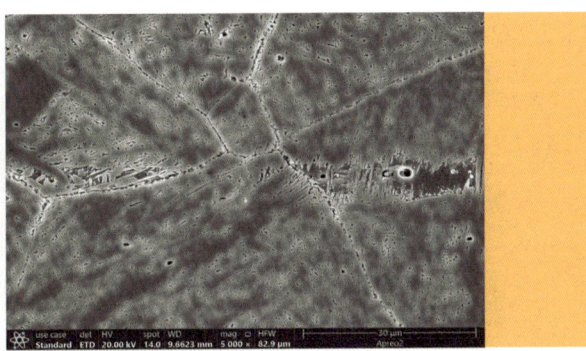

图 3-24 40Cr13 刀坯油淬后组织为马氏体 + 碳化物

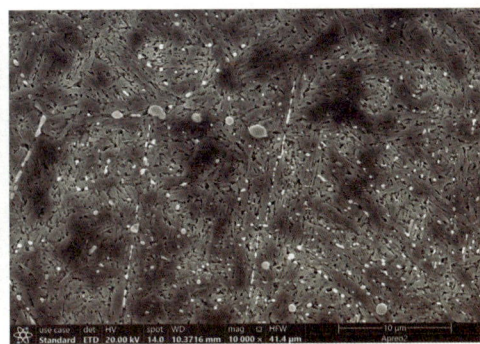

图 3-25 40Cr13W 刀坯油淬后组织为马氏体 + 碳化物

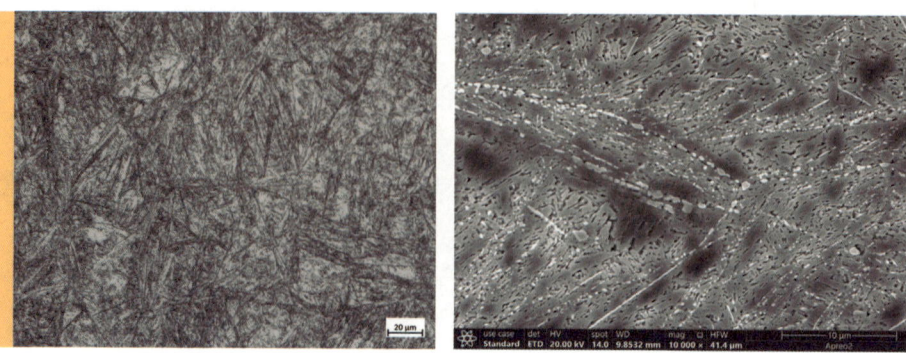

图 3-26 5Cr15MoV 刀坯油淬后组织为马氏体 + 碳化物

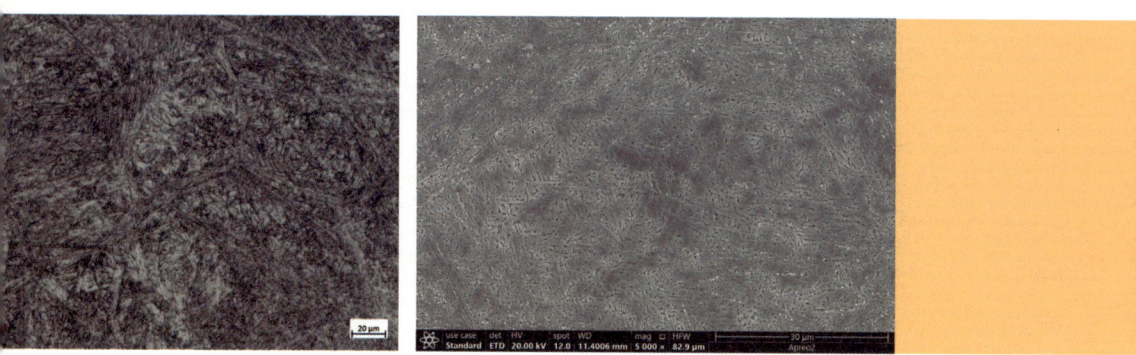

图 3-27 5Cr15MoVN 刀坯油淬后组织为马氏体 + 碳化物

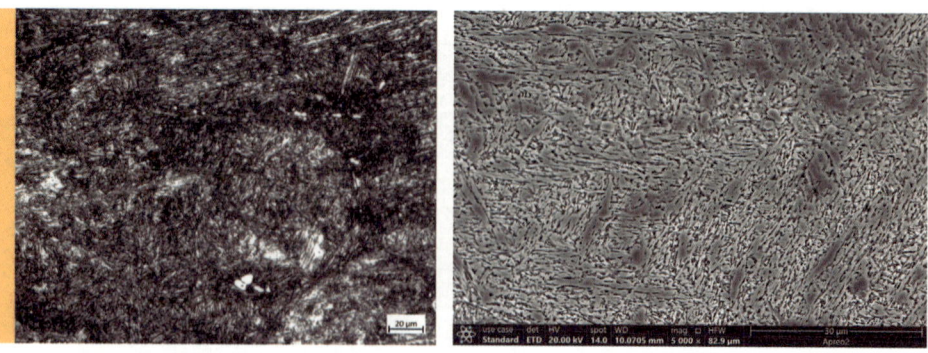

图 3-28 60Cr16MoMA 刀坯油淬后组织为马氏体 + 碳化物

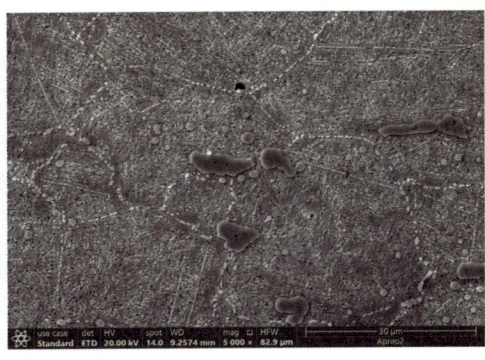

图 3-29 7Cr17MoV 刀坯油淬后组织为马氏体 + 碳化物

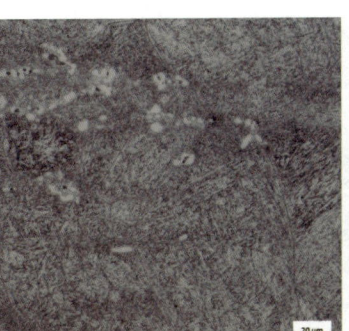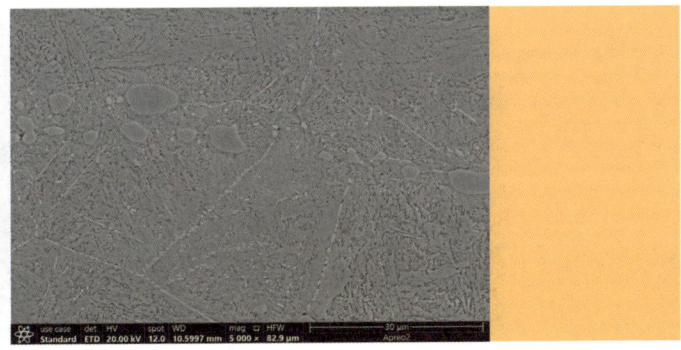

图 3-30 X70CrMo15 刀坯油淬后的组织为马氏体 + 碳化物

图 3-31 6Cr13 刀坯油淬后组织为马氏体 + 碳化物

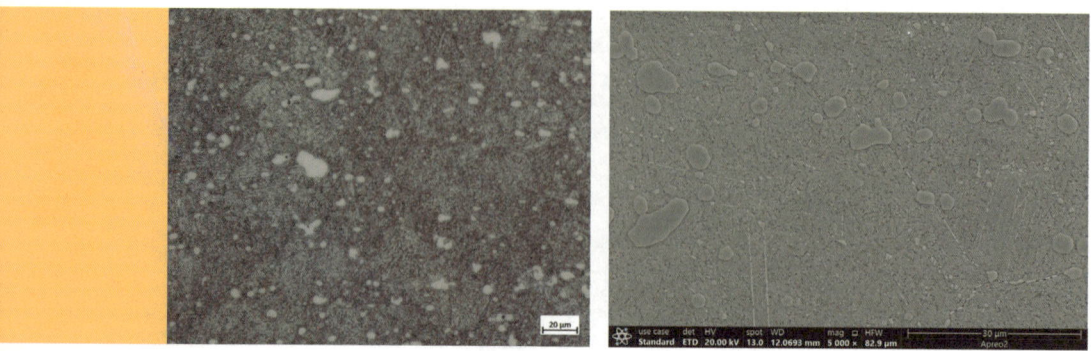

图 3-32 90Cr18MoV 刀坯油淬后的组织为马氏体 + 碳化物

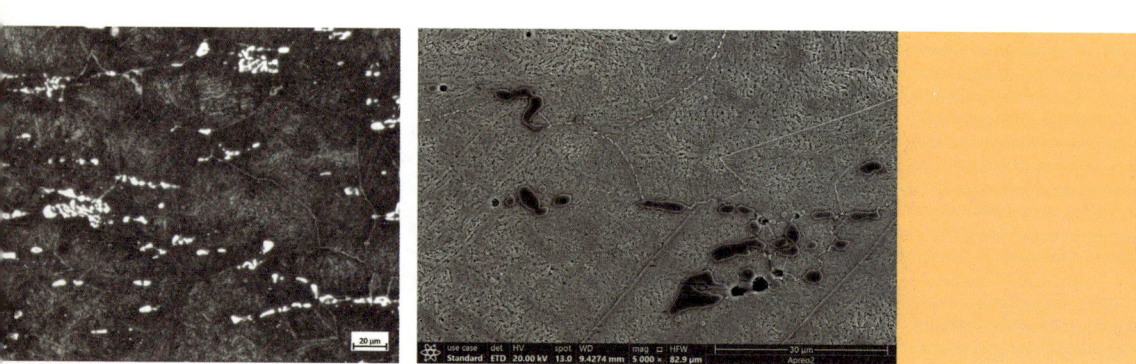

图 3-33 AG-10 刀坯油淬后的组织为马氏体 + 碳化物

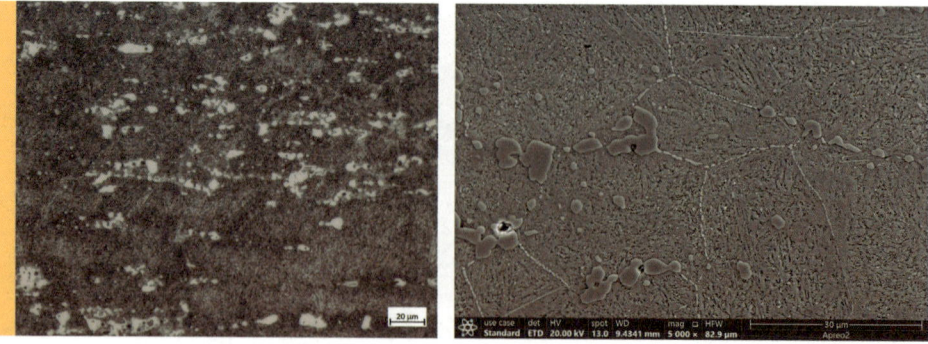

图 3-34 CJ690 刀坯油淬后的组织为马氏体 + 碳化物

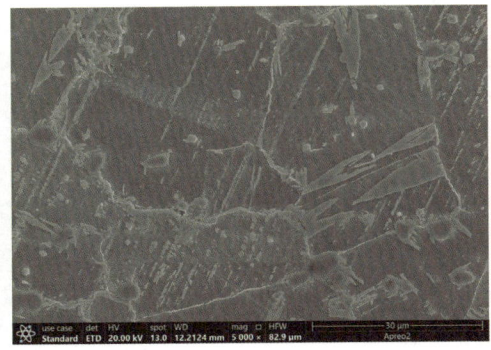

图 3-35 440C 刀坯油淬后的组织为马氏体 + 碳化物

3.1.7 超高强度钢类刀坯淬火后的微观组织 / Microstructure of Quenched Ultra-high Strength Steel

本次参加"大云锻刀会"的超高强度钢类刀坯淬火后的微观组织观察结果如图 3-36 至图 3-42 所示,其中,左侧图片为光学显微镜观察结果,右侧图片为扫描电镜观察结果。

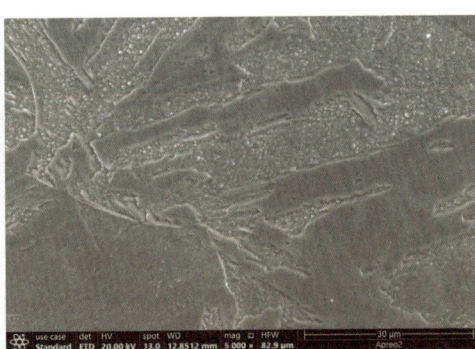

图 3-36 BKD2400L 刀坯油淬后的组织为马氏体

 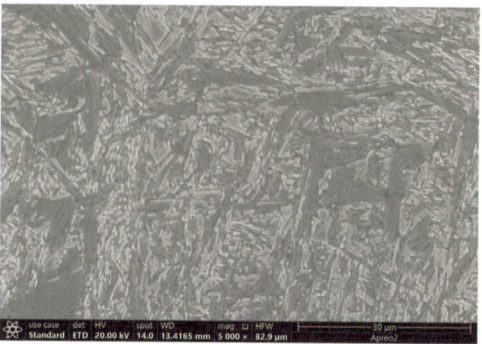

图 3-37 A800 刀坯油淬后的组织为马氏体

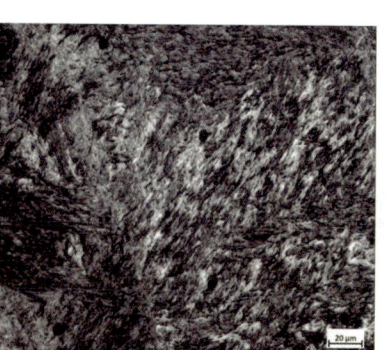 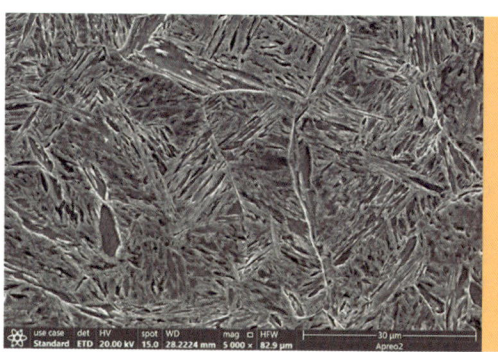

图 3-38 725 刀坯水淬后的组织为马氏体 + 碳化物

 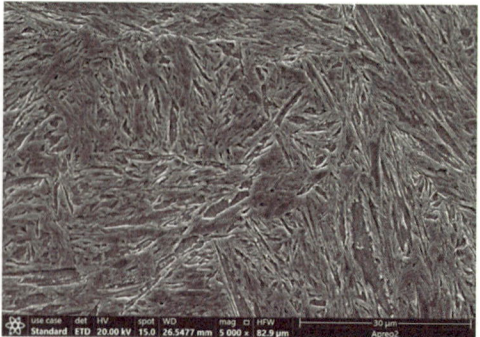

图 3-39 726R 刀坯水淬后的组织为马氏体

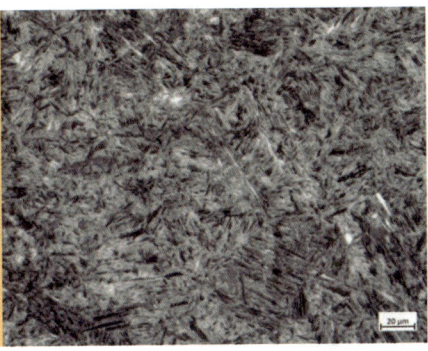
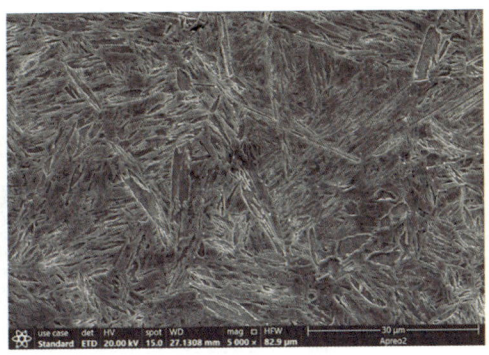

图 3-40　726F 刀坯水淬后的组织为马氏体

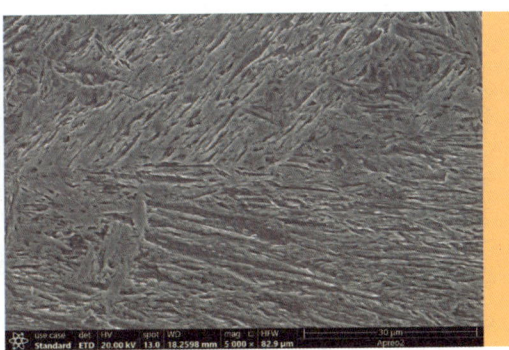

图 3-41　8109 刀坯油淬后的组织为马氏体

图 3-42　820 刀坯油淬后的组织为马氏体

3.1.8 刀坯淬火结果总结 / Summary

碳钢及低合金钢类刀坯淬火后的微观组织主要是马氏体,42CrMo和45钢中出现少量贝氏体,老钢轨锻造钢中出现少量先共析铁素体。

工模具钢类、马氏体不锈钢锻造刀坯淬火后的微观组织均为马氏体+碳化物,碳化物类型主要是一次碳化物和二次碳化物。碳化物尺寸、类型和大小与合金元素种类和含量相关。

超高强度钢类刀坯淬火后的微观组织均为马氏体。

3.2 深冷处理 / Cryogenic Treatment

深冷处理是通过将淬火后的材料置于低温环境中（通常低于 – 40 ℃）处理的工艺，旨在提升工件的硬度、强度、耐磨性和韧性，使工件具有良好的性能。在此过程中，残余奥氏体将进一步转变为马氏体，并促进碳化物的弥散分布，从而提升刀刃的硬度、韧性、耐磨性。高品质刀具材料通常在制作过程中都添加了深冷工艺，例如 Crondiur 30。

根据参会单位提供的资料，本次"大云锻刀会"中采用深冷处理的刀具钢详见表 3.4。在本次"大云锻刀会"的深冷处理工艺中，– 73 ℃使用干冰 + 酒精溶为深冷处理介质，– 170 ℃和 – 196 ℃使用液氮作为深冷处理介质。深冷处理保温时长根据深冷设备和刀具尺寸的实际情况确定，一般为 2 ~ 4 小时。

表 3.4 刀坯的深冷处理工艺

Cryogenic treatment of the knife steels

牌号 / 钢号	深冷工艺
PSF12151	－ 170 ℃保温 6 h，空冷
Cor-Wear®	－ 73 ℃保温 2 h，空冷
Cronidur 30	－ 73 ℃保温 2 h，空冷
5Cr15MoV	－ 73 ℃保温 2 h，空冷
7Cr17MoV	－ 73 ℃保温 2 h，空冷
BKD2400L	－ 196 ℃保温 2 h，空冷

深冷处理的影响因素详见表 3.5。Cronidur 30 因为淬火后未能及时进行深冷处理，导致碳化物的析出能力降低，造成深冷效果不明显。

表 3.5 深冷处理的影响因素
Factors influencing the cryogenic treatment

影响因素	描述
材料特性	碳钢淬火后残留奥氏体少，深冷处理后对硬度和强度提升不显著
工艺控制	升降温速度、回火前后处理、保温时间及深冷次数等如控制不当将影响深冷处理效果
设备限制	设备若无法精确控制温度或保温时间，导致处理不充分，将影响材料性能
温度和时间	若深冷温度不够或时间不充足将无法达到预期效果
残余应力	深冷处理中材料中的残余应力将导致其变形或开裂，从而降低材料性能
深冷处理时机	淬火后 2 小时内最佳，残余奥氏体会随着时间逐渐转变为马氏体，降低碳化物的析出能力

3.3 回火处理 / Tempering

回火是通过对淬火后高硬度的刀具进行适度的加热，消除刀具淬火时产生的残余应力，防止材料在磨削和开刃过程中出现裂纹。同时，刀具常执行的低温回火也有助于改善材料的韧性。合适的回火工艺可以使刀具获得硬度、韧性、锋利度、耐用度的良好平衡，减少使用过程中出现崩刃、卷刃等情况。

调质热处理包括淬火、冷却和回火三个步骤，回火是关键环节，能够调整钢材性能。除等温淬火钢外，其他钢材一般都需要进行回火。回火温度影响钢材组织结构和性能，需根据产品需求进行选择。此次"大云锻刀会"的四类刀具钢的回火处理详见表3.6。

表 3.6 参会的四类刀具钢的回火处理
Temper of the knife steels

分类	回火温度范围	保温时间（h）
碳钢及低合金钢	低温回火	1~2
马氏体不锈钢	低温回火	2~3
工模具钢	高温/二次回火	2~3
超高强度钢	低温/高温回火	2~4

在刀具热处理中，为什么有的是低温回火，有的是高温回火呢？这是根据材料本身的成分来决定的。在刀具热处理领域，为了确保刀具具备卓越的硬度和耐磨性能，通常会采用低温回火工艺。然而，随着合金元素（如 Cr、Ni、Mo 等）的含量增加，即便采用高温回火，刀具钢依然能够满足高硬度和高耐磨性的使用要求。此外，选择高温回火工艺，不仅可以保持刀具钢的硬度和耐磨性，还能显著提升其塑性和韧性，从而优化刀具的整体性能。

3.3.1 碳钢及低合金钢类刀坯回火后的微观组织 / Microstructure of Tempered Carbon Steel and Low Alloy Steel

本次参加"大云锻刀会"的碳钢及低合金钢类刀坯回火后的微观组织观察结果如图 3-43 至图 3-50 所示,其中,左侧图片为光学显微镜观察结果,右侧图片为扫描电镜观察结果。

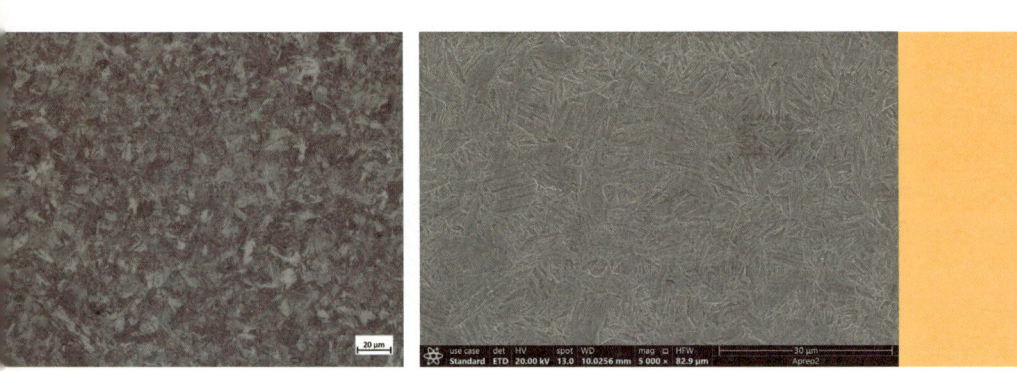

图 3-43 20CrMnTi 刀坯回火后的微观组织为回火马氏体

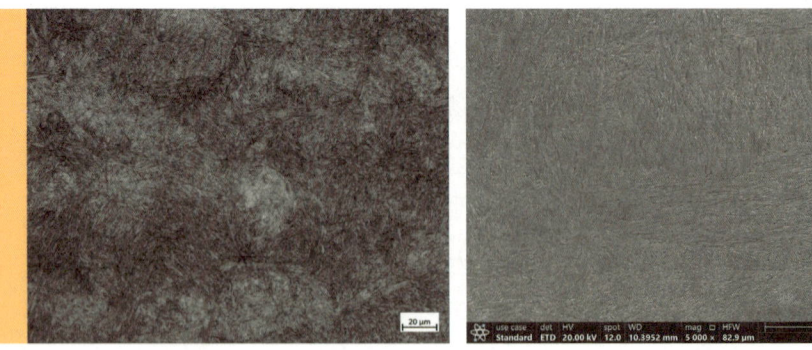

图 3-44 X32 刀坯回火后的微观组织为回火马氏体

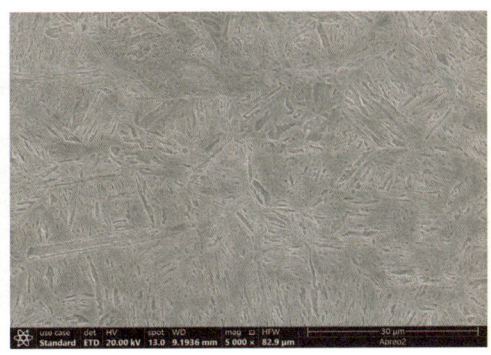

图 3-45　42CrMo 刀坯回火后的微观组织为回火马氏体 + 贝氏体

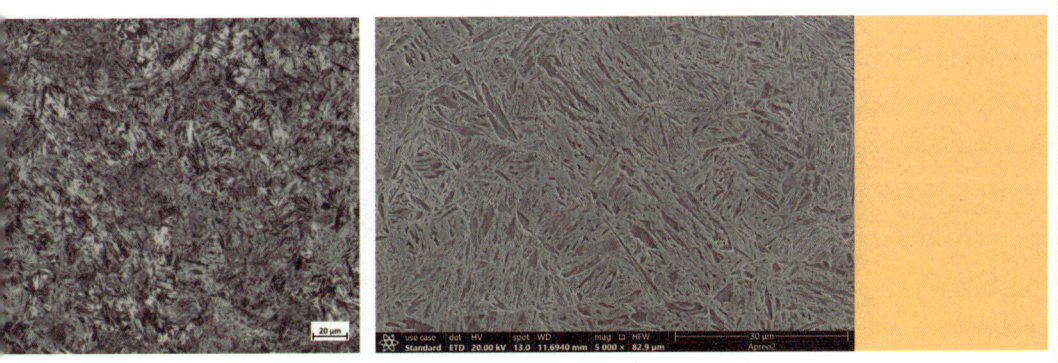

图 3-46　45 刀坯回火后的微观组织为回火马氏体 + 贝氏体

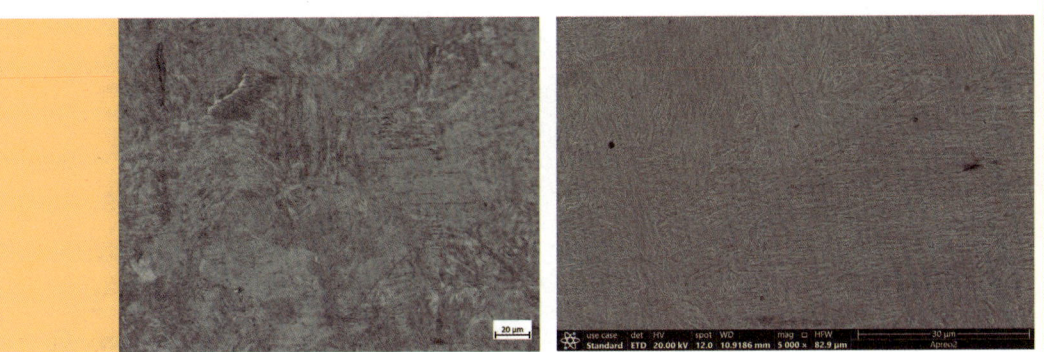

图 3-47　老钢轨刀坯回火后的微观组织为回火马氏体

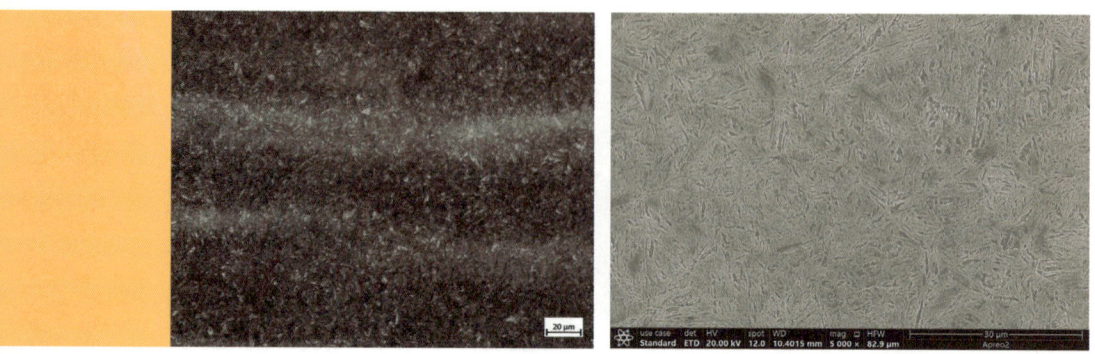

图 3-48 68CrNiMo 刀坯回火后的微观组织为回火马氏体 + 少量碳化物

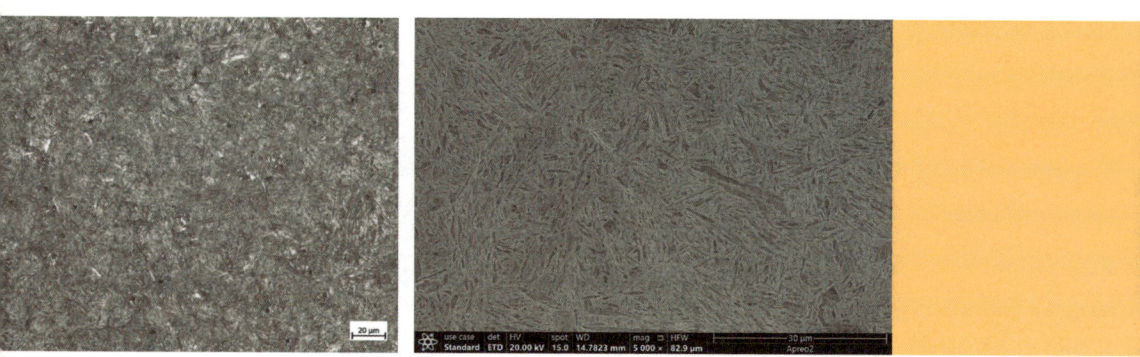

图 3-49 9260 钢刀坯回火后的微观组织为回火马氏体

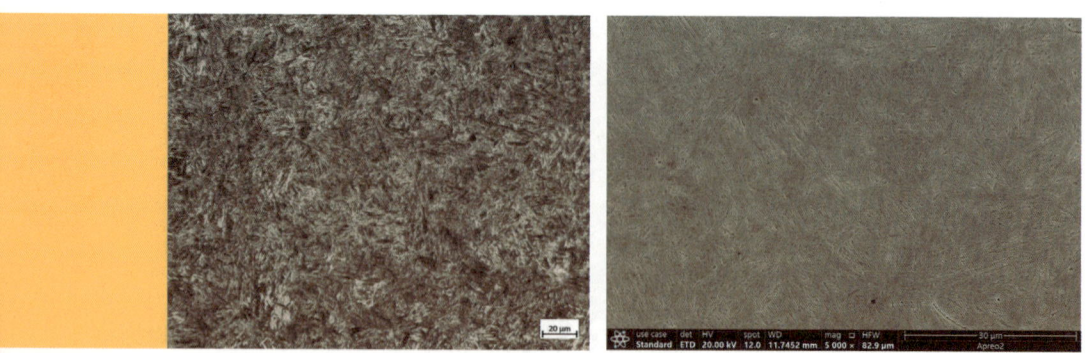

图 3-50 U75V 刀坯回火后的微观组织为回火马氏体

3.3.2 工模具钢类刀坯回火后的微观组织 / Microstructure of Tempered Tool and Die Steel

本次参加"大云锻刀会"的工模具钢类刀坯回火后的微观组织观察结果如图 3-51 至图 3-56 所示,其中,左侧图片为光学显微镜观察结果,右侧图片为扫描电镜观察结果。

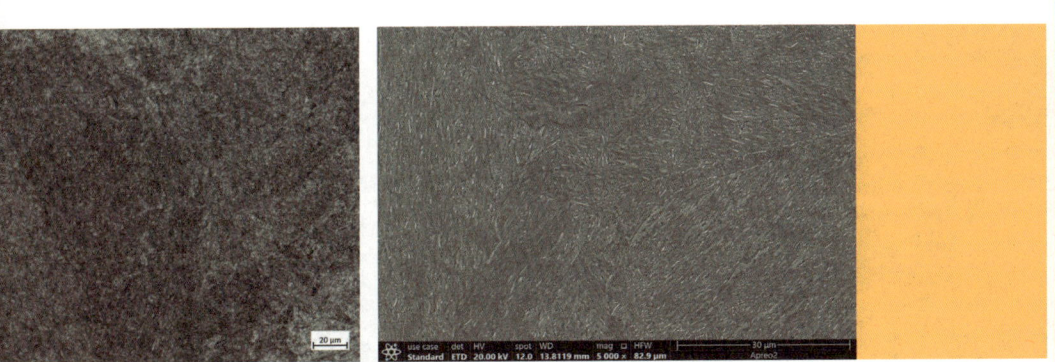

图 3-51 8418 刀坯回火后的微观组织为回火马氏体 + 碳化物

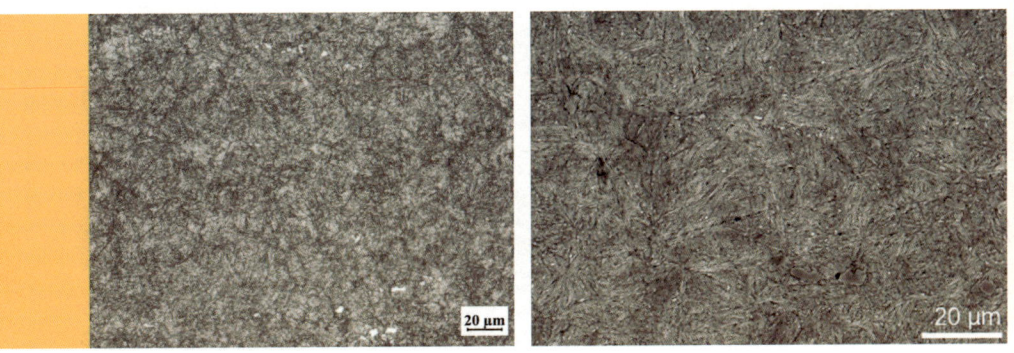

图 3-52 M50 刀坯回火后的微观组织为回火马氏体 + 碳化物

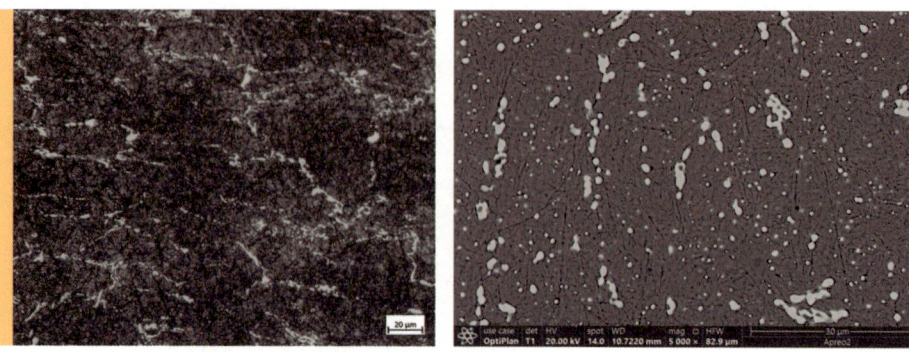

图 3-53 M2 刀坯回火后的微观组织为回火马氏体 + 碳化物

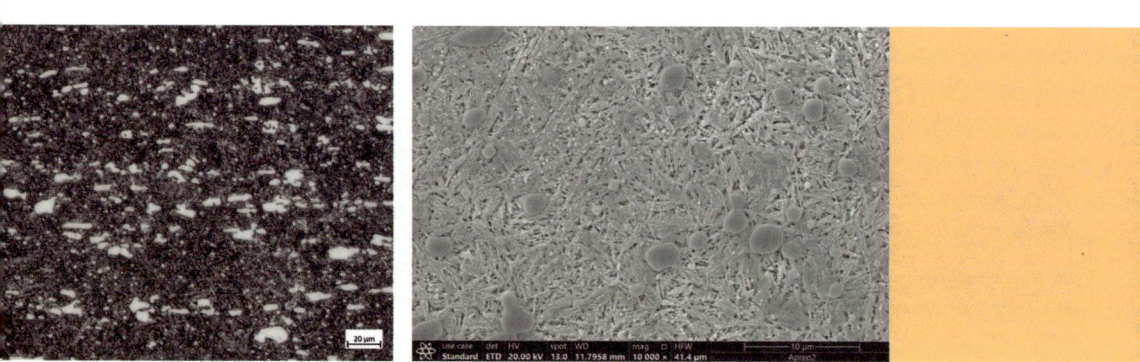

图 3-54 Cr12MoV 刀坯回火后的微观组织为回火马氏体 + 碳化物

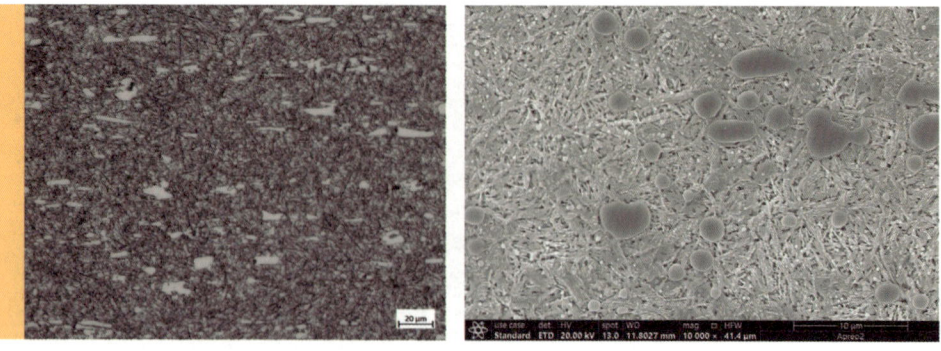

图 5-55 D2 刀坯回火后的微观组织为回火马氏体 + 碳化物

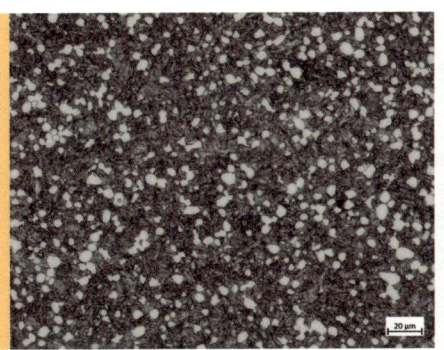 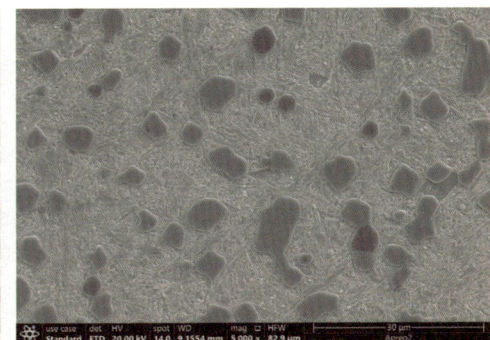

图 3-56 PSF12151 刀坯回火后的微观组织为回火马氏体 + 碳化物

3.3.3 马氏体不锈钢类刀坯回火后的微观组织 / Microstructure of Tempered Martensitic Stainless Steel

本次参加"大云锻刀会"的马氏体不锈钢类刀坯回火后的微观组织观察结果如图 3-57 至图 3-72 所示,其中,左侧图片为光学显微镜观察结果,右侧图片为扫描电镜观察结果。

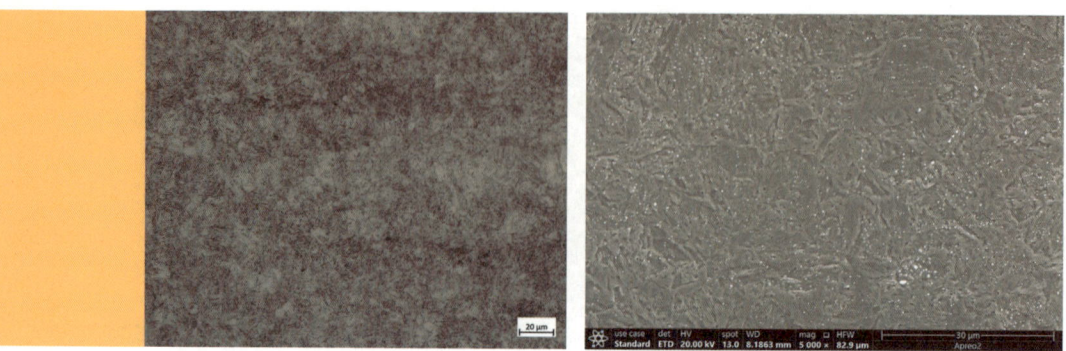

图 3-57 20Cr13N 刀坯回火后的微观组织为回火马氏体 + 碳化物

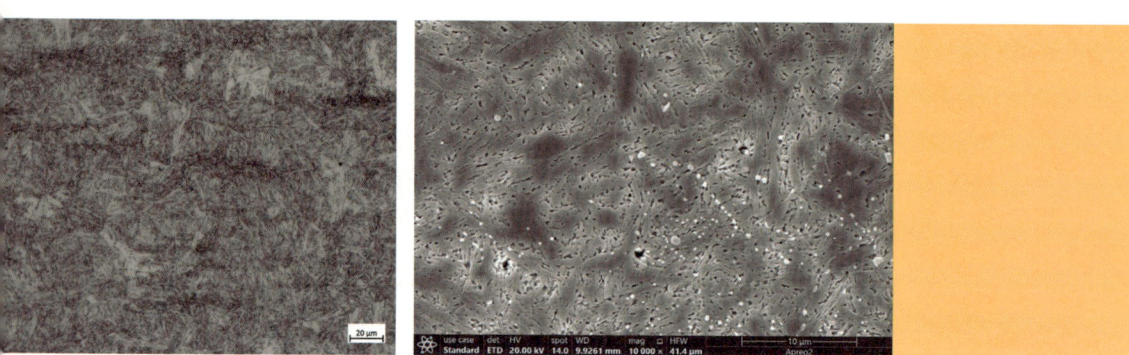

图 3-58 ChromiN®-30（ThiE）刀坯回火后的微观组织为回火马氏体 + 碳化物（氮化物）

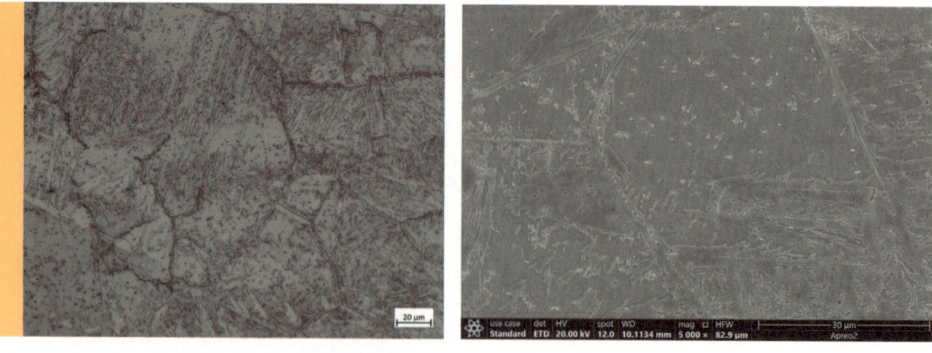

图 3-59 Cor-Wear® 刀坯回火后的微观组织为回火马氏体 + 碳化物

 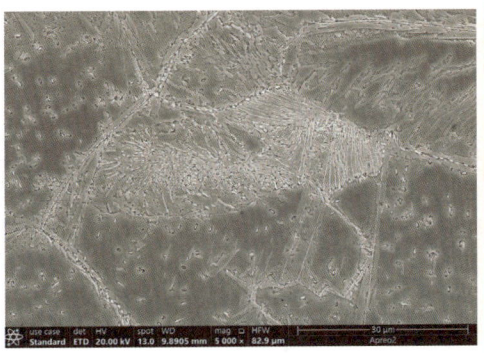

图 3-60 Cronidur 30 刀坯回火后的微观组织为回火马氏体 + 珠光体 + 碳化物（氮化物）

 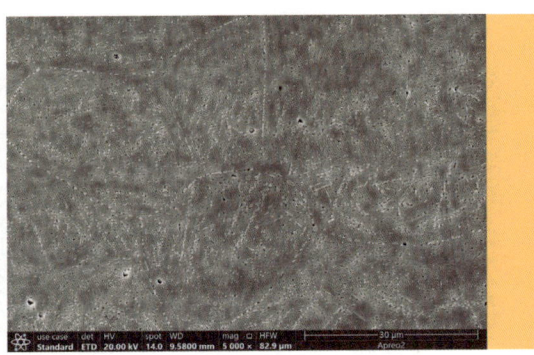

图 3-61 40Cr13 刀坯回火后的微观组织为回火马氏体 + 碳化物

 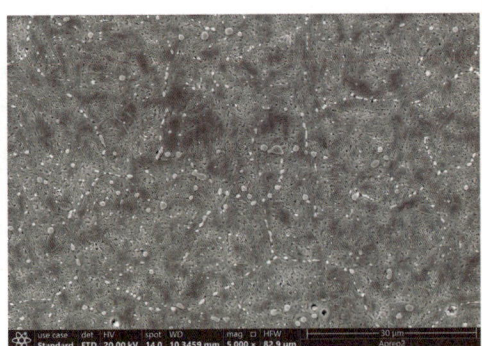

图 3-62 40Cr13W 刀坯回火后的微观组织为回火马氏体 + 碳化物

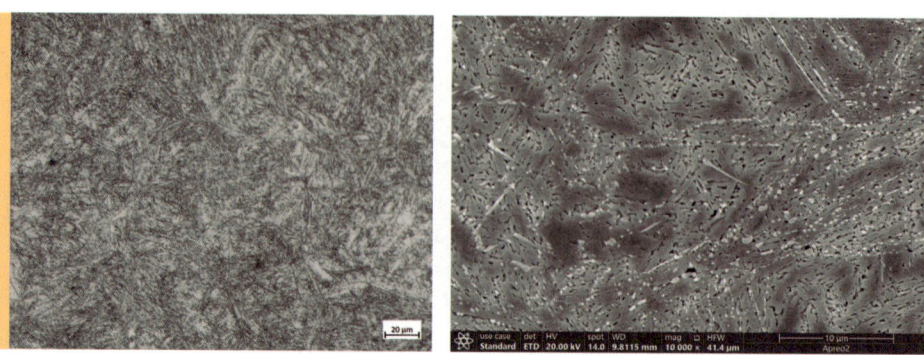

图 3-63 5Cr15MoV 刀坯回火后的微观组织为回火马氏体 + 碳化物

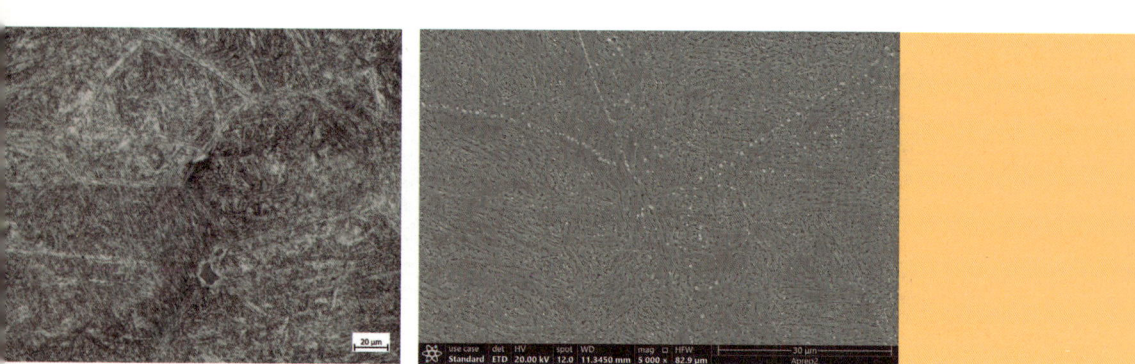

图 3-64 5Cr15MoVN 刀坯回火后的微观组织为回火马氏体 + 碳化物

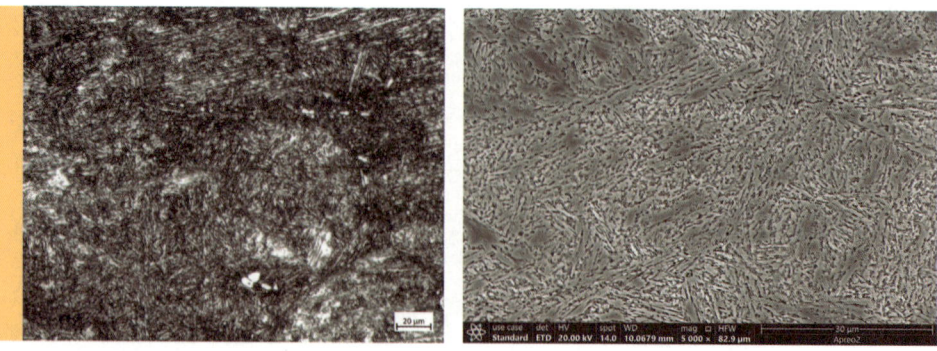

图 3-65 60Cr16MoMA 刀坯回火后的微观组织为回火马氏体 + 碳化物

 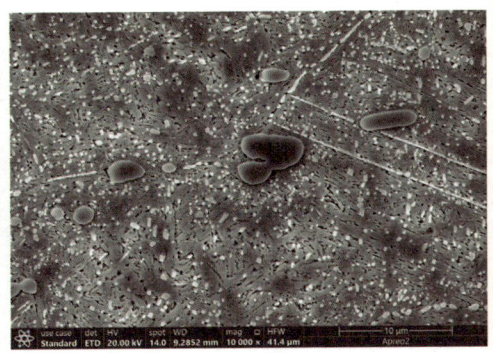

图 3-66 7Cr17MoV 刀坯回火后的微观组织为回火马氏体 + 碳化物

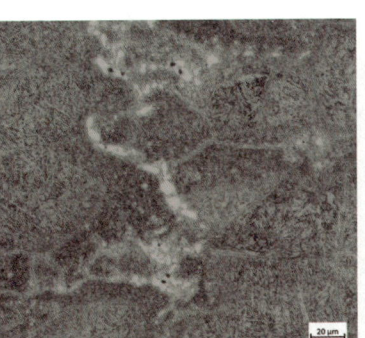 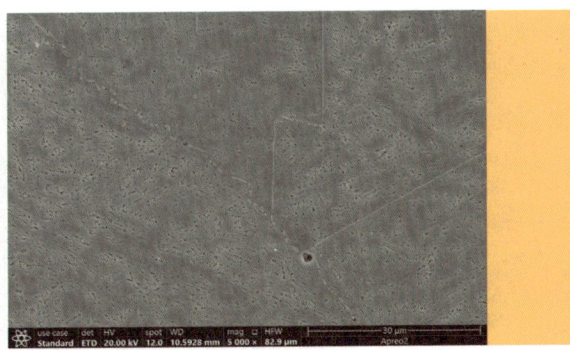

图 3-67 X70CrMo15 刀坯回火后的微观组织为回火马氏体 + 碳化物

 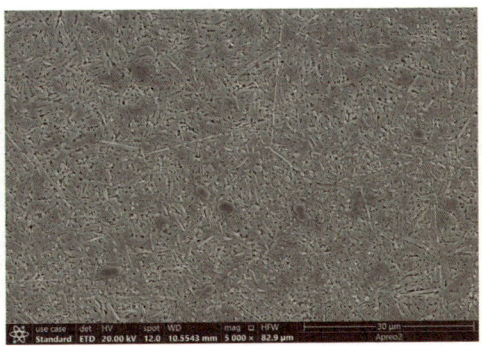

图 3-68 6Cr13 刀坯回火后的微观组织为回火马氏体 + 碳化物

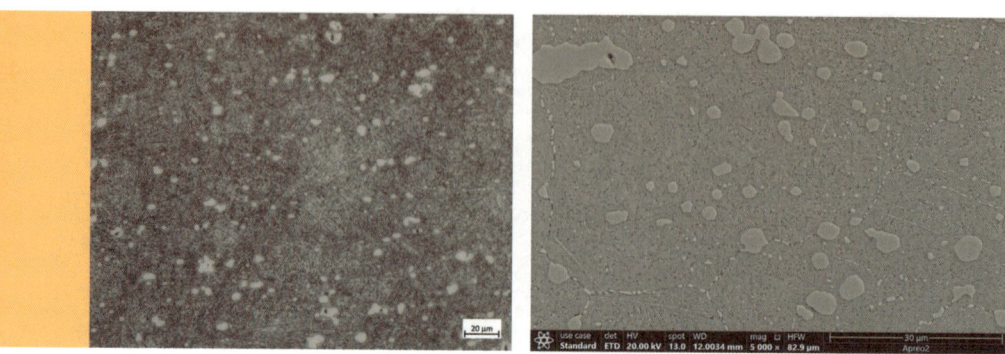

图 3-69 90Cr18MoV 刀坯回火后的微观组织为回火马氏体 + 碳化物

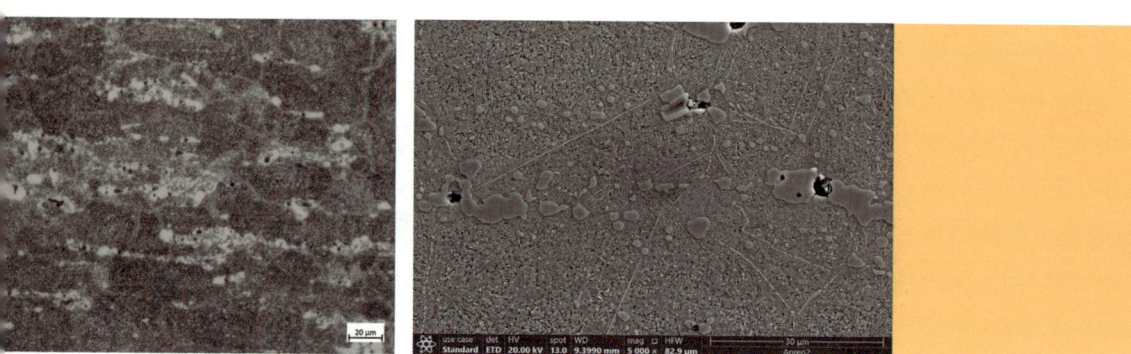

图 3-70 CJ690 刀坯回火后的微观组织为回火马氏体 + 碳化物

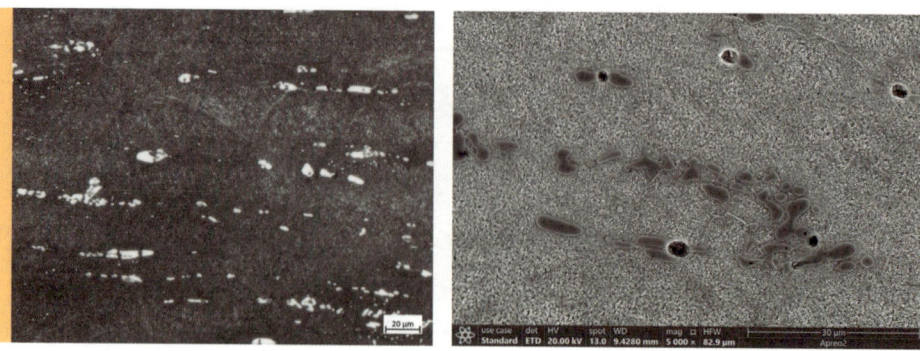

图 3-71 AG-10 刀坯回火后的微观组织为回火马氏体 + 碳化物

 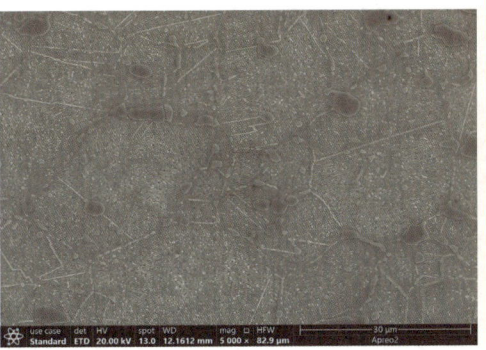

图 3-72 440C 刀坯回火后的微观组织为回火马氏体 + 碳化物

3.3.4 超高强度钢类刀坯回火后的微观组织 / Microstructure of Tempered Ultra-high Strength Steel

本次参加"大云锻刀会"的超高强度钢类刀坯回火后的微观组织观察结果如图 3-73 至图 3-79 所示，其中，左侧图片为光学显微镜观察结果，右侧图片为扫描电镜观察结果。

图 3-73 BKD2400L 刀坯回火后的微观组织为回火马氏体

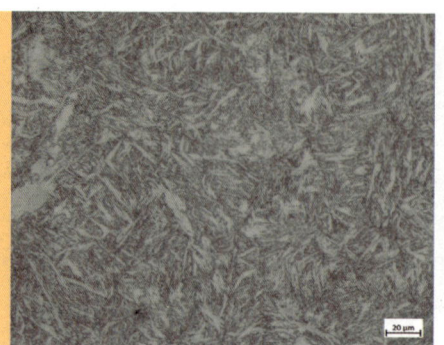 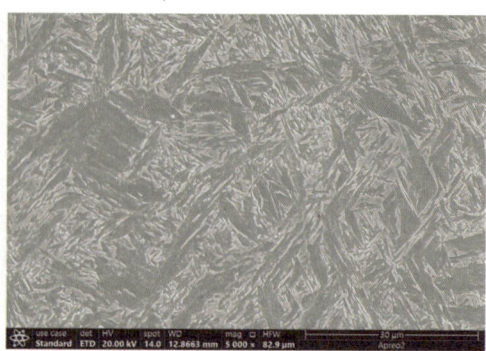

图 3-74 A800 刀坯回火后的微观组织为马氏体（应含有一定量金属间化合物）

 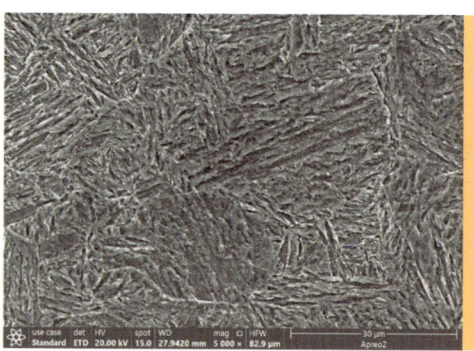

图 3-75 725 刀坯回火后的微观组织为回火索氏体 + 碳化物

 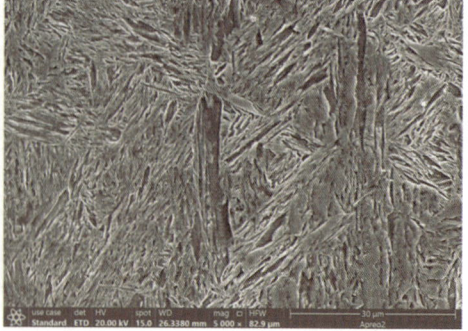

图 3-76 726R 刀坯回火后的微观组织为回火马氏体

 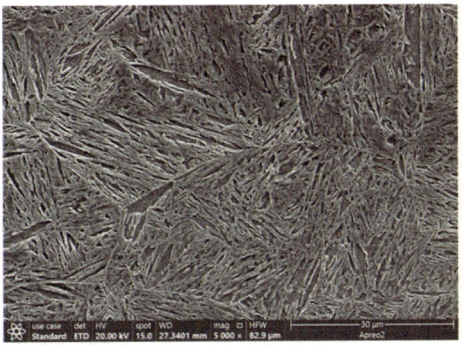

图 3-77 726F 刀坯回火后的微观组织为回火马氏体

 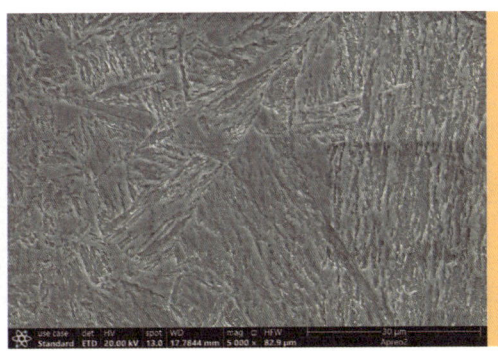

图 3-78 8109 刀坯回火后的微观组织为回火马氏体 + 碳化物

 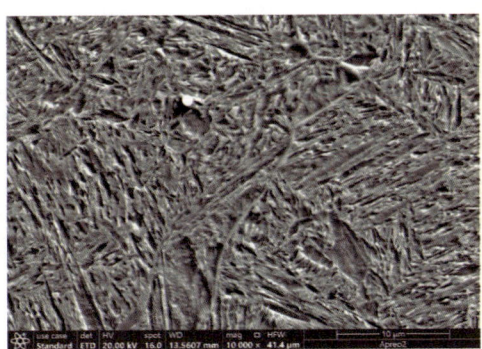

图 3-79 820 刀坯回火后的微观组织为回火马氏体 + 碳化物

3.3.5 四类刀坯回火结果总结 / Summary

碳钢及低合金钢经过锻造、淬火及回火后,其微观组织以回火马氏体为主,而在 42CrMo 和 45 钢中则可观察到少量贝氏体的存在。

马氏体不锈钢类经锻造、淬火和回火后,其微观组织为均马氏体 + 碳化物。碳化物尺寸随着碳含量和合金元素含量增加有增大的趋势。

工模具钢类经锻造、淬火和回火后,其微观组织亦为马氏体 + 碳化物。碳化物的尺寸普遍处于微米级别。

超高强度钢在经历锻造、淬火及回火后,其微观组织完全转变为回火马氏体,且未观察到微米级碳化物的存在。

3.4 刀坯回火后的力学性能 / Mechanical Properties of the Tempered Blanks

参加本次"大云锻刀会"的四类刀具钢所锻造的刀坯回火后的力学性能（主要是硬度）详见表3.5，部分刀坯回火后冲击试样断口形貌如图 3-80 至图 3-88 所示，其中，左侧图片为光学显微镜观察结果，右侧图片为扫描电镜观察结果。

表 3.5 刀坯回火后的力学性能
Mechanical propertise of the tempered blanks

钢类	牌号	淬火后硬度（HRC）	回火后硬度（HRC）	回火后冲击吸收功（J）
碳钢及低合金钢	20CrMnTi	44	44	16.7
	X32	56	49	5.3
	42CrMo	57	56	4.2
	45	59	59	1.3
	老钢轨	51	50	-
	68CrNiMo	58	51	2.1
	9260	60	58	-
	U75V	63	60	-
工模具钢	8418	53	51	-
	M50	64	62	3.0
	M2	65	64	3.0
	Cr12MoV	59	59	0.7
	D2	64	62	3.7
	PSF 12151	57	61	2.3
马氏体不锈钢	20Cr13N	53	52	2.2
	ChromiN®-30（ThiE）	60	58	8.3
	Cor-Wear®	39	39	0.9
	Cronidur 30	45	44	0.8
	40Cr13	50	55	2.1

(续表)

钢类	牌号	淬火后硬度（HRC）	回火后硬度（HRC）	回火后冲击吸收功（J）
马氏体不锈钢	40Cr13W	58	55	5.0
	5Cr15MoV	55	57	0.7
	5Cr15MoVN	58	56	0.7
	60Cr16MoMA	57	56	1.2
	7Cr17MoV	56	59	0.5
	X70CrMo15	57	56	0.8
	6Cr13	55	54	1.0
	90Cr18MoV	59	58	0.6
	AG-10	62	61	0.6
	CJ690	61	60	0.5
	440C	60	59	0.5
超高强度钢	BKD2400L	41	61	0.5
	A800	52	58	0.5
	725	47	44	17.7
	726R	48	43	12.0
	726F	47	44	25.8
	8109	41	35	22.1
	820	55	53	14.6

注：淬火和回火后硬度测试位置为刃口处 10 mm 位置。

回火后冲击吸收功为厚度 2.5 mm 的 U 型缺口试样夏比摆锤冲击吸收功。

"-"为因试样加工或制样导致的数据缺失。

上述数据仅代表在现有锻刀工艺和热处理制度下的测试数据。部分材料性能并未完全发挥，待后续锻刀会进行探索。

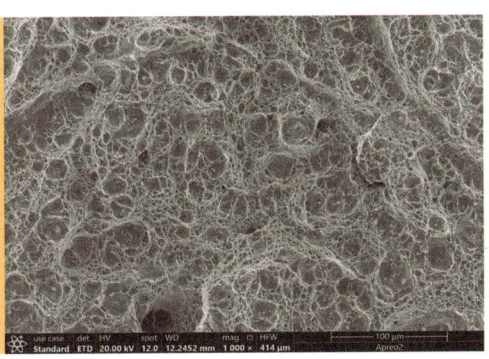 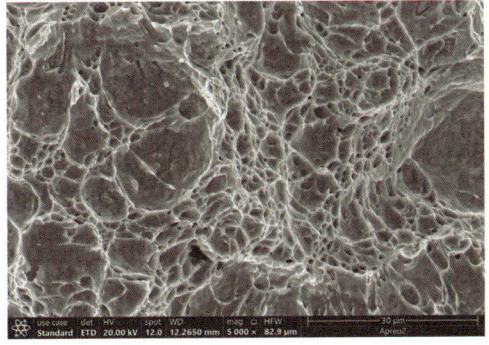

图 3-80 20CrMnTi 刀坯回火后冲击试样断口形貌

 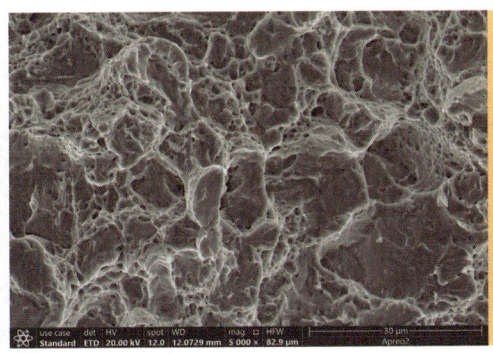

图 3-81 42CrMo 刀坯回火后冲击试样断口形貌

 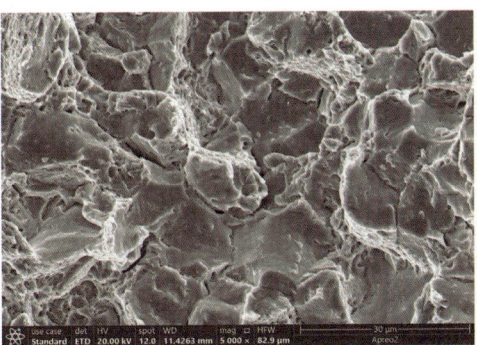

图 3-82 68CrNiMo 刀坯回火后冲击试样断口形貌

 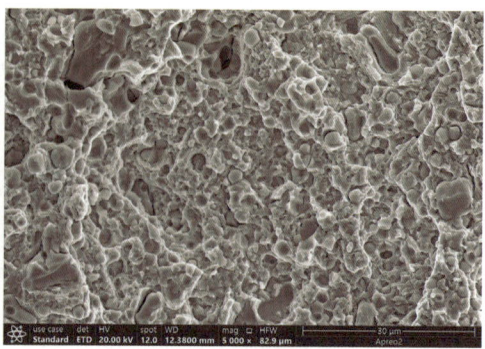

图 3-83 Cr12MoV 刀坯回火后冲击试样断口形貌

 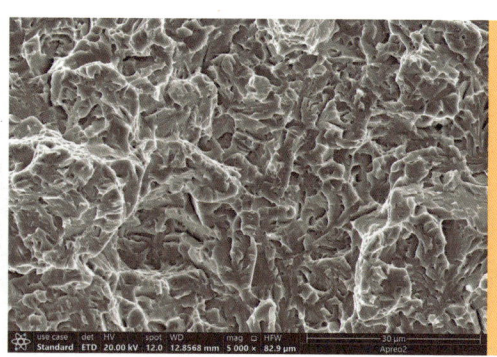

图 3-84 20Cr13N 刀坯回火后冲击试样断口形貌

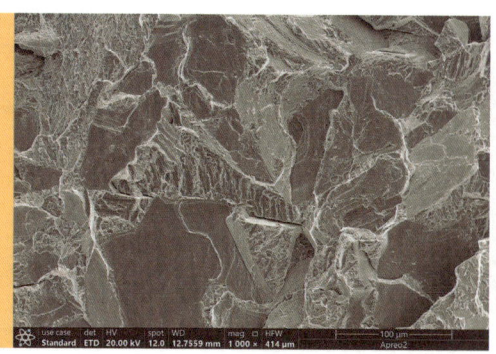 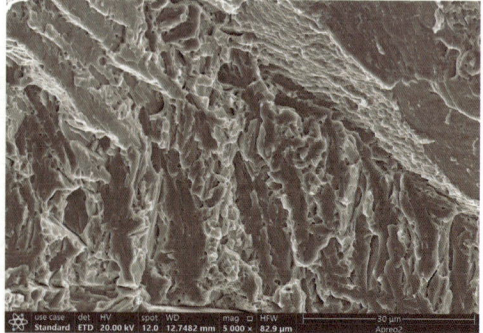

图 3-85 Cronidur 30 刀坯回火后冲击试样断口形貌

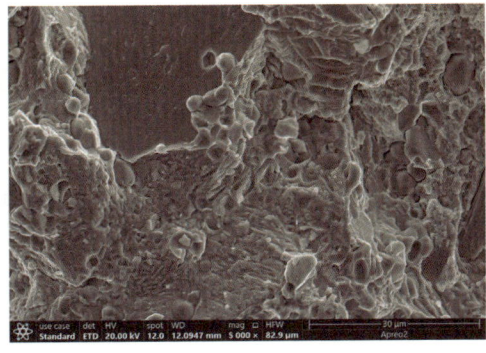

图 3-86 9Cr18MoVN 刀坯回火后冲击试样断口形貌

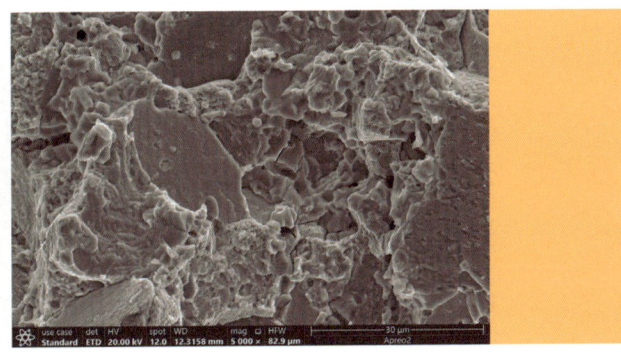

图 3-87 CJ690 刀坯回火后冲击试样断口形貌

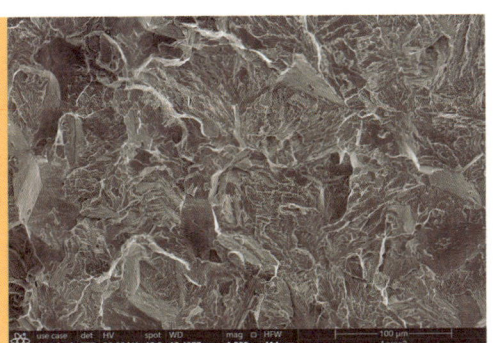

图 3-88 BKD2400L 刀坯回火后冲击试样断口形貌

3.5 四类刀坯回火后微观组织及力学性能结果总结 / Summary

热处理是刀具获得目标组织和性能的最终处理方式。碳钢及低合金钢、工模具钢、马氏体不锈钢以及超高强度钢在回火后,其组织通常以马氏体为基体。形变热处理可以增加马氏体的位错密度,并形成胞状亚组织,这些变化有助于细化马氏体块和板条宽度,从而改善材料的力学性能。工模具钢和马氏体不锈钢刀坯基体中存在着大量的微米级的一次碳化物、亚微米级的二次碳化物。刀具服役性能的微观组织影响因素,将在后续章节中展开深入探讨。

基于本章内容,不妨进一步思考以下问题:
1. 马氏体不锈钢和工模具钢刀坯在淬火时能不能采用水冷?
2. 刀坯较薄时,这四类刀具钢在加热过程中脱碳倾向有何不同?
3. 四类刀具钢的热处理组织有哪些共性和差异?

04

刀坯磨削加工

BLANK GRINGDING

磨削作为刀具制造中不可或缺的成型加工工艺，对于实现刀具的尖锐形状至关重要。在现代机械加工中，磨削技术不仅提高了刀具的性能，还显著提升了加工质量和效率，是实现精密加工的关键工艺。刀具制备过程中无论采用何种成型技术，至今，刃部形状的最终实现仍必须依赖磨削加工。现代厨用刀具制造中，磨削工艺结合了传统手工技艺与精密机械加工技术。刀具的锋利度、耐用度和使用体验也主要依赖于刀刃的磨削加工质量。

磨削加工之所以成为首选，是因为它通过精确控制和最小化热量产生，能够将对刀刃刃口的机械损伤和热损伤控制在最低限度，是目前损伤控制效果最佳的刃口加工方式之一。这一特性确保了刃尖能够最大限度地发挥其材质的固有优势，从而展现出卓越的切割性能。经过热处理后，本次"大云锻刀会"待磨削的刀坯如图 4-1 所示。

图 4-1 待磨削的刀坯
Blanks for grinding

刀坯磨削加工 Blank Gringding

4.1 刃部加工 / Edge Processing

本次"大云锻刀会"刀坯设计如图4-2所示,开刃角度依照切片刀开刃,控制角度为26°~34°。开刃前,所有刀坯先通过激光加工去除锻造边部、毛刺,打好木柄定位孔并编号(图4-3),然后准备磨削刀刃。刃口开刃角度也是影响刀具锋利度和耐用度的重要因素。

图 4-2 刀坯设计
Design of knife

图 4-3 刀坯打孔并编号
Knife blanks with drilled holes, awaiting handle installation and numbering

对本次参会刀坯,原计划先采用机械进行初步磨削,达到预设的基本尺寸要求后再进行手工精磨,最大限度地减少磨削过程中产生的损伤。在试磨削阶段,大部分刀坯在机械磨床上由于砂轮与刀坯材料的磨削比存在显著差异,刀坯出现了热损伤,导致变形,部分刀坯甚至在机械磨削后直接开裂。因此,经与会各方商议,最终决定对所有刀刃采用手工磨削,以避免磨削造成的热损伤和裂纹。

本次锻刀会参会材料多达 39 种,因材料种类不同,锻造抗力和变形程度不一,各刀坯预留的加工余量也各不相同,导致刃口部位的直线度难以达到磨削加工所需的精确标准。刀坯刃口部位的直线度参差不齐,直接影响后续磨削工序中刃口直线度的精准实现。鉴于此情况,对所有刀坯进行磨前校直处理,由于部分刀坯脆性较高,因此在校直过程中出现了崩刃或开裂的情况(图 4-4)。

图 4-4 磨前校直过程中崩刃或开裂
Blade Chipping or Cracking During Grinding

手工磨削时，需依靠人工精准施加压力，以防止因刀坯材质与砂轮磨削比不匹配而造成的损伤或开裂。因手工磨削的效率低，整把刀磨削加工难度较大，故本次"大云锻刀会"仅对刃部磨削加工以开展后续的刃口性能测试（图 4-5）。

图 4-5 "十八子"手工磨刀工坊
"Shibazi" knife sharpening workshop

4.2 刃口磨削 / Edge Grinding

刃口作为切割物体的最直接部位，其尖锐度和狭窄度共同决定了刀具的锋利特性。刀刃的尖锐度体现在刀尖的微小曲线上，而狭窄度则与刀刃的几何角度和材料硬度有关。同时，刃尖的锋利度还与被切物的特性密切相关，两者相互作用，共同影响着切割结果。

刀具刃口部位材料的微观组织形态是构成刃口强度的基石。在追求刃尖极致细小的过程中，刃磨加工的精准控制及形状设计的合理性发挥着至关重要的作用。这涵盖了磨料粒度的精确选择与磨削工艺的细致调控，两者共同确保达到理想的刃尖精细度。

如图 4-6 所示，本次"大云锻刀会"的所有刀坯，其刃磨过程遵循常规的刀具生产工艺进行刃磨（即开刃口磨削），而未对刃尖实施进一步的精细研磨。

图 4-6 "十八子"手工磨刀工坊开展刃口磨削
Knife sharpening

4.3 刀具磨削加工总结 / Summary

本次"大云锻刀会"的各刀坯在手工磨削刃部过程中，直接磨制形成了初始刃口。在初始的锋利度测试中，刀坯的切割性能并未达到预期，测试结果欠佳。可能的影响因素有：刀坯在锻打成型时遗留的缺陷，以及激光切割时未能彻底清除的瑕疵。因此对所有刀坯进行二次磨削处理，并取二次磨削过后的刀具进行锋利度和耐用度的测试评价（图4-7）。

作为实现刀刃锋利度的关键手段，磨削工艺扮演着不可或缺的角色。本次"大云锻刀会"中，39种材料的加工余量以及直线度各异，最终选择了手工磨削优化刀具性能。同时通过调整刃口角度和体积优化设计，提升了材料的锋利度和刃口的强度。为提升刀具性能提供了工艺改进方向。

基于刀坯磨削加工的过程及各刀坯在开刃时出现的情况，可以进一步开展如下研究：

1. 开刃的过程中如何防止裂纹的出现？
2. 碳钢及低合金钢类刀坯是否比不锈钢类刀坯更容易开出锋利的刃口？
3. 如何选择开刃时使用的砂轮？

刀坯磨削加工 Blank Gringding

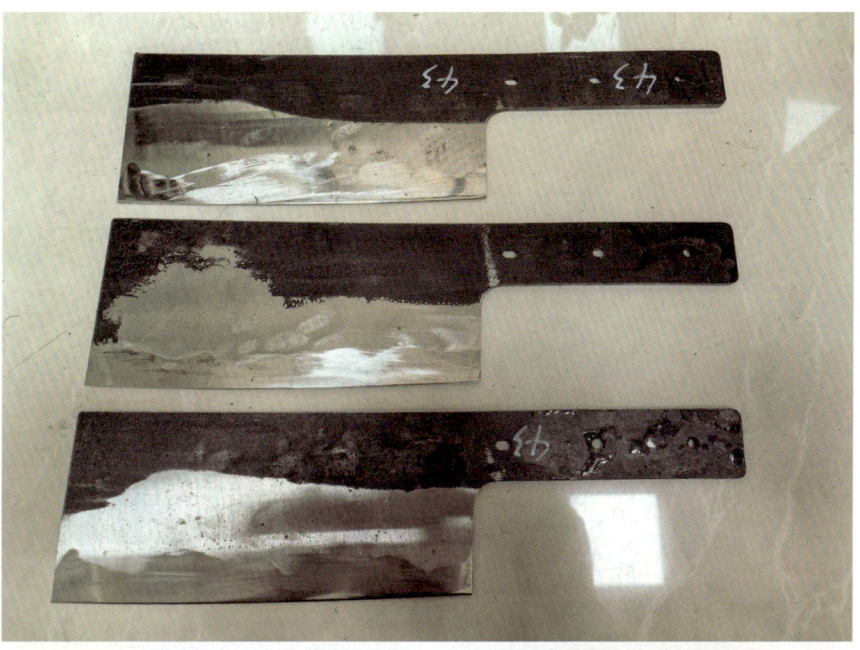

图 4-7 已开刃的刀坯
Edge-ground blades

IRON AND STEEL HERITAGE: BLADESMITHING

05

刀具服役性能评价

KITCHEN KNIFE
PERFORMANCE

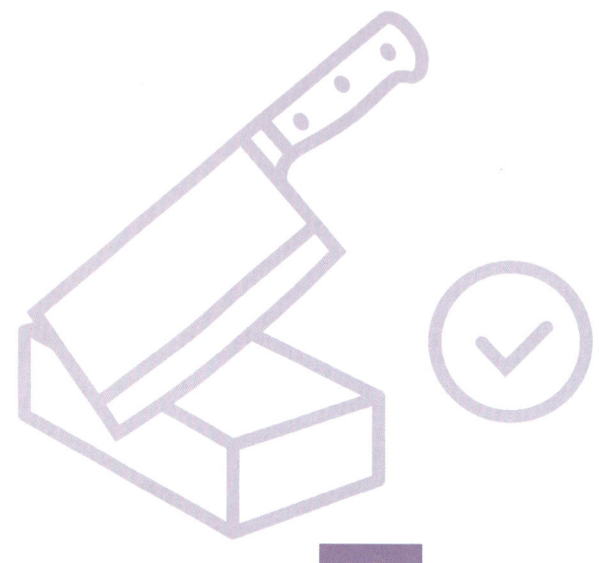

"大云锻刀会"服役性能评价包括锋利度、耐用度和刃口强度。锋利度旨在评估刀具切割能力，耐用度用于评估刀具在切割时刃口的持久性，而刃口强度则评价刀具在砍骨等高强度使用下的保持能力。这三个指标可以全面评估刀具在日常各种使用场景下的表现。

5.1 服役性能评价标准及测试方法 / Standards and Testing Methods for Kitchen Knife Evaluation

5.1.1 国家标准规定的测试指标及方法 / Testing criteria and methods as Prescribed in the GB

国家标准《厨用刀具》（GB/T 40356—2021）中除了对于外观质量要求外，对厨用刀具的硬度、刀刃包角、耐腐蚀性、弯曲强度、锋利度及耐用度提出了要求。测试项目及方法详见表 5.1，各测试项目的指标详见表 5.2。

表 5.1 《厨用刀具》（GB/T 40356—2021）中规定的测试项目与方法
Testing items and methods for kitchen knives (GB 40356—2021)

测试项目	测试方法
刀刃包角	采用角度测量仪或投影测量仪进行测量（图 5-1）
耐腐蚀性	1. 将刀具放在 22 ℃ ±4 ℃的氯化钠溶液（50 mg/L）中浸泡 6 h 后，擦拭干净并观察（图 5-2） 2. 进行刀具强度试验后按照 1 的方法进行耐腐蚀性试验
硬度	用洛氏硬度计在距刃口 25 mm 的等距区域内，选前、中、后各测一点；刀片宽度小于 60 mm 的，在距刃口 1/3 刀片宽度的等距区域内选前、中、后各测一点
刀具强度	1. 把刀的手柄夹住，负荷加在刀片上，然后转动手柄，使刀片向上移动至所承受的负荷被提起为止，卸去负荷就可以测出试件永久变形的角度 2. 将薄韧性刀片长度（从刀头开始）的 50% 固定在水平面上，用力抬起刀柄使刀片弯曲，与水平面呈 45°角，两面进行测试后观察，产品应无损并不产生超过 3°的永久性变形（图 5-3）
锋利度与耐用度	刀刃口的切割性能是通过将可加速磨损的介质夹持刀具锋利度与耐用度测试仪上，施加 50 N 的压力与被测试刀具进行切割，测量每个切割周期的切割深度（图 5-4）；3 个测试周期的结果为锋利度，30 个切割周期的结果为耐用度

图 5-1 刃口角度测量仪
Blade angle measuring instrument

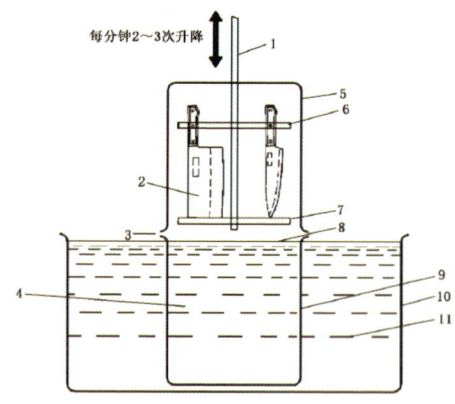

说明：
1——塑料棒或塑料带；
2——试件及放置方向；
3——透气孔或透气缝；
4——60 ℃±2 ℃的 1% 氯化钠溶液；
5——防止蒸发的塑料盖或玻璃盖；
6——带插孔的试件塑料上支承架；
7——带排气、水孔口的塑料下支承架；
8——液位应满足试件测试部位完全浸入；
9——玻璃或塑料容器；
10——恒温水浴槽；
11——60 ℃±2 ℃的热水。

图 5-2 耐腐蚀性测试
Corrosion testing device

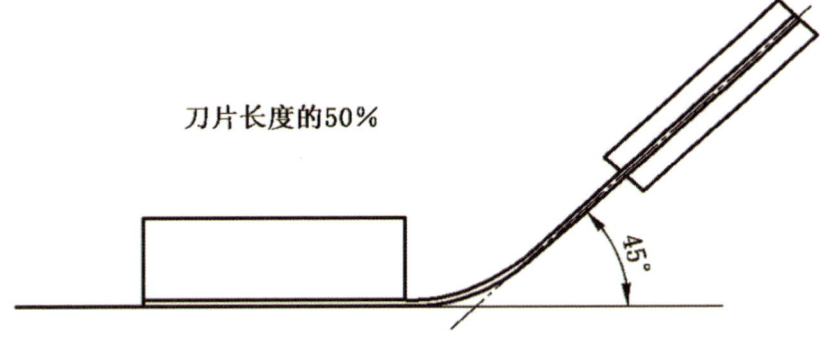

图 5-3 薄韧性刀片强度测试
Testing method for the knife strength

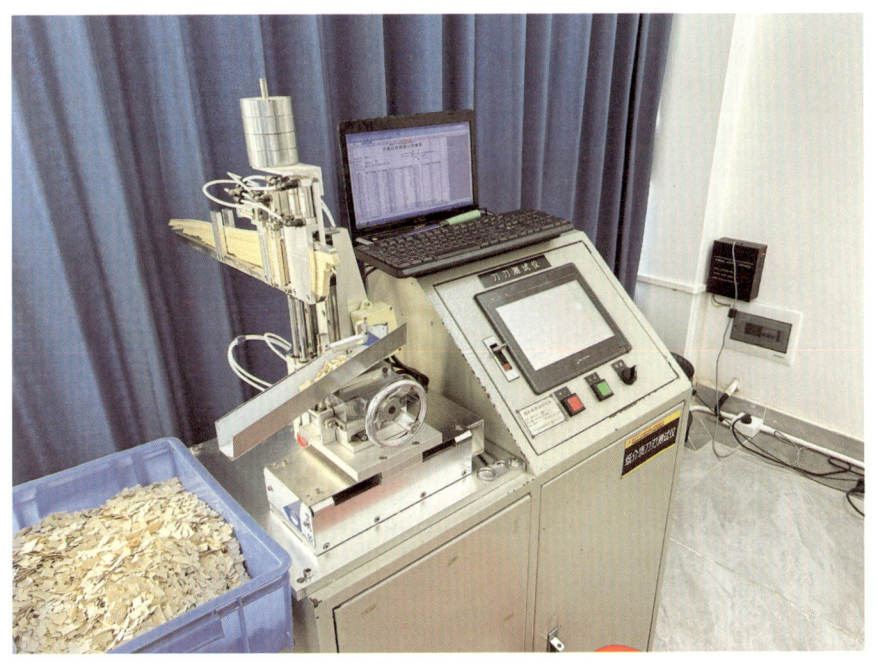

图 5-4 刀具锋利度与耐用度测试仪
Knife sharpness and retention testing instrument

表 5.2 《厨用刀具》（GB/T 40356—2021）中规定的测试指标
Kitchen knife testing criteria（GB/T 40356—2021）

测试项目	测试指标		
刀刃包角	除砍骨类刀具除砍骨类刀具、斩切类刀具以及有特殊刀刃包角设计要求的刀具外，切片类刀具与其他类刀具的刀刃包角应不大于 40°		
耐腐蚀性	外露的不锈钢表面应符合如下要求： 无裂纹或裂缝； 每 20 cm² 面积内，直径大于 0.4 mm² 的腐蚀坑或腐蚀区域不应超过 3 个； 不应出现直径大于 0.75 mm 的腐蚀坑； 非焊接类刀具还应满足刀颈部位无可见的腐蚀点		
硬度	不锈钢类	≥ 50 HRC	
	合金钢类		
	碳素钢类	≥ 52 HRC，同把硬度差 ≤ 3 HRC	
刀具强度	刀片、刀颈不应发生断裂、裂纹； 刀柄或其部件与刀榫连接处不应出现松脱现象； 刀片不应出现大于 3° 的永久变形		
锋利	复磨类	斩切类	≥ 25 mm
		切片类	≥ 30 mm
	非复磨类	-	≥ 25 mm
耐用度	复磨类	斩切类	≥ 100 mm
		切片类	≥ 120 mm
	非复磨类	-	≥ 1 100 mm

5.1.2 国内外标准的对比 / Comparison of GB and ISO

《与食品接触的材料和制品——刀具和凹形餐具 第 1 部分：准备食物用的刀具的要求》（ISO 8442-1:1997）与《与食品接触的材料和制品——刀具和凹形餐具 第 5 部分：刀具的锋利性和刃口保持的试验规范》（ISO 8442-5:2004）为国家标准《厨用刀具》（GB/T 40356—2021）的参考文件，但是 ISO 标准与国家标准在测试项目、方法与指标上仍有差别。国家标准与 ISO 标准的对比详见表 5.3 和表 5.4。

表 5.3 国标与 ISO 标准的测试项目与方法的对比

Comparison of testing items and methods between GB/T 40356 and ISO 8442-1 / ISO 8442-5

测试项目	国标（GB/T 40356）	ISO 标准（8442-1/8442-5）	
材料成分	满足性能要求的材料	复磨类	Cr ≥ 12.5% C ≥ 0.36% S ≤ 0.015% P ≤ 0.040%
		非复磨类	Cr ≥ 12.5% Ni ≥ 0.16% S ≤ 0.015% P ≤ 0.040%
刀刃包角	采用角度测量仪或投影测量仪进行测量		
耐腐蚀性	1. 将刀具放在 22 ℃ ±4 ℃的氯化钠溶液（50 mg/L）中浸泡 6 h 后，擦拭干净观察 2. 进行刀具强度试验后按照 1 的方法进行耐腐蚀性试验	进行刀具强度试验后将刀具放在 22 ℃ ±4 ℃ 的 0.005% ± 0.000 5% 氯化钠的纯净水（无矿物质的）溶液中浸泡 6 h 后，擦拭干净观察	
硬度	用洛氏硬度计在距刃口 25 mm 的等距区域内，选前、中、后各测一点；刀片宽度小于 60 mm 的，在距刃口 1/3 刀片宽度的等距区域内，选前、中、后各测一点	刀体中间	
刀具强度	把刀的手柄夹住，负荷加在刀片上，然后转动手柄，使刀片向上移动至所承受的负荷被提起为止，卸去负荷就可以测出试件永久变形的角度将薄韧性刀片长度（从刀头开始）的 50% 固定在水平面上，用力抬起刀柄使刀片弯曲，与水平面呈 45°角，两面进行测试后观察，产品应无损并不产生超过 3°的永久性变形		

（续表）

测试项目	国标（GB/T 40356）	ISO 标准（8442-1 和 8442-5）
锋利度与耐用度	刀刃口的切割性能是通过将可加速磨损的介质夹持刀具锋利度与耐用度测试仪上，施加 50 N 的压力与被测试刀具进行切割，测量每个切割周期的切割深度，复磨类刀具以 3 个测试周期结果为锋利度，30 个切割周期结果为耐用度；非复磨类刀具以 3 个测试周期结果为锋利度，100 个周期的测试结果为耐用度	刀刃口的切割性能是通过将可加速磨损的介质夹持刀具锋利度与耐用度测试仪上，施加 50 N 的压力与被测试刀具进行切割，测量每个切割周期的切割深度；复磨类刀具以 3 个测试周期结果为锋利度，60 个切割周期结果为耐用度；非复磨类刀具以 3 个测试周期结果为锋利度，200 个周期的测试结果为耐用度

表 5.4 国标与 ISO 标准的测试指标的对比

Comparison of criteria and methods between GB/T 40356 and ISO 8442-1 / ISO 8442-5

测试项目	国标（GB/T 40356）	ISO 标准（8442-1/8442-5）
刀刃包角	除砍骨类刀具、斩切类刀具以及有特殊刀刃包角设计要求的刀具外，切片类刀具与其他类刀具的刀刃包角应不大于 40°	
耐腐蚀性	外露的不锈钢表面应符合如下要求： 无裂纹或裂缝； 每 20 cm^2 面积内，直径大于 0.4 mm^2 的腐蚀坑或腐蚀区域不应超过 3 个； 不应出现直径大于 0.75 mm 的腐蚀坑； 非焊接类刀具还应满足刀颈部位无可见的腐蚀点	
硬度	不锈钢类 合金钢类 ⩾ 50 HRC，同把硬度差 ⩽ 3 HRC	复磨类 ⩾ 50 HRC
	碳素钢类 ⩾ 52 HRC，同把硬度差 ⩽ 3 HRC	非复磨类 ⩾ 48 HRC

（续表）

测试项目	国标（GB/T 40356）			ISO 标准（8442-1/8442-5）	
刀具强度	刀片、刀颈不应发生断裂、裂纹；刀柄或其部件与刀梃连接处不应出现松脱现象；刀片不应出现大于 3°的永久变形				
锋利度	复磨类	斩切类	≥ 25 mm	复磨类	≥ 50 mm
		切片类	≥ 30 mm		≥ 50 mm
	非复磨类	-	≥ 25 mm	非复磨类	≥ 50 mm
耐用度	复磨类	斩切类	≥ 100 mm	复磨类	≥ 150 mm
		切片类	≥ 120 mm		≥ 150 mm
	复磨类	非复磨类	-	≥ 1 100 mm	非复磨类

可以看到，虽然 GB/T 40356—2021 测试项目、方法与指标与 ISO 8442-1:1997、ISO 8442-5:2004 相似，但是 GB/T 40356—2021 对于刀具类型上作了更细致的分类，并将标准适用刀具类型从不锈钢类刀具拓展到了碳钢、合金钢、复合钢类刀具，在硬度等的测试方法上也作了更为明确的规定。

5.1.3 其他影响刀具性能的指标及其测试方法 / Other Indexes and testing methods

我国厨用刀法大体可分为切、片、剁、劈、拍、剖六种。GB/T 40356—2021 和 ISO 8442-5 中的锋利度和耐用度仅可用于评估刀具在切、片、剖时的性能。而刀具在剁、劈、拍时的性能以及复磨性目前没有相关标准进行测试方法和指标的规定。阳江"十八子"目前出台了复磨性、刃口强度、横拍强度的内控标准，可以评估刀具在剁、劈、拍时的性能以及复磨性。测试方法详见表 5.5 所示，指标详见表 5.6。

表 5.5 刀具复磨性、刃口强度、横拍强度测试方法
Test methods for knife resharpening ability, edge strength, and transverse impact strength

测试项目	测试方法
复磨性	刀具使用红花石上下（推拉）方向复磨至披锋
刃口强度	通过四轴运动平台调整摆锤的冲击运动高度，收集摆锤在不同冲击运动高度下，刀具刃口对 ø4.0 mm×10 mm 镀锌铁丝介质的冲击力值
横拍强度	刀片宽大于 60 mm 的刀具直接输加力在砧板上拍打完成试验

表 5.6 厨用刀具测试指标
Kitchen knife testing criteria

项目	测试指标
复磨性	复磨次数不少于 20 次
刃口强度	在承受不低于 800 N 的冲击力后刃口不应出现崩口、卷口现象
横拍强度	刀片、刀颈不应发生断裂、裂纹； 刀柄或其部件与刀榫连接处不应出现松脱现象； 刀片不应出现大于 3° 的永久变形

5.2 刀具的服役性能 / Service Performance of knives

5.2.1 锋利度和耐用度 / Sharpness and Retention

"大云锻刀会"参会刀具钢所锻造刀具的锋利度测试结果如图 5-5 所示。从分类来看，最优秀的是工模具钢制成的刀具。与大众的认知不同，与马氏体不锈钢相比，碳钢及低合金钢的锋利度在本次测试中并未表现出突出优势。而超高强度钢的锋利度整体较低。由于刀具的锋利度和其刃口形状也有很大关系，因此从整体来看参会刀具的锋利度相差不大。

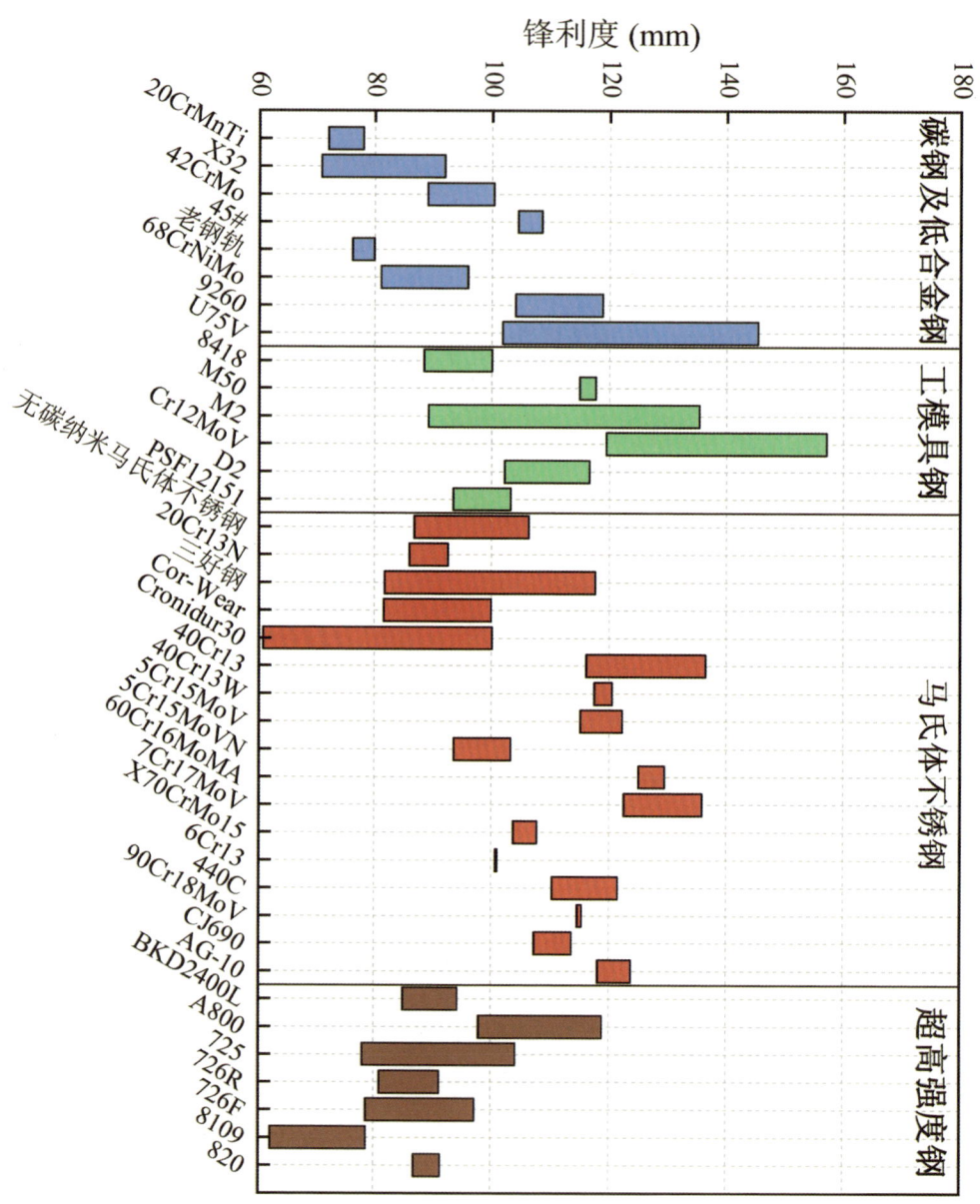

图 5-5 "大云锻刀会"刀具锋利度测试结果
Knife sharpness of the steels

"大云锻刀会"参会刀具钢所锻造刀具的耐用度测试结果如图5–6所示。从大类来看，最优秀的是工模具钢类刀具，其次是马氏体不锈钢类刀具。测试结果证明其中的微米以及亚微米级的硬质碳化物对刀具耐用度起到了积极作用；而碳化物尺寸相对较小甚至完全没有的超高强度钢类刀具和碳钢及低合金钢类刀具的耐用度值整体较低。

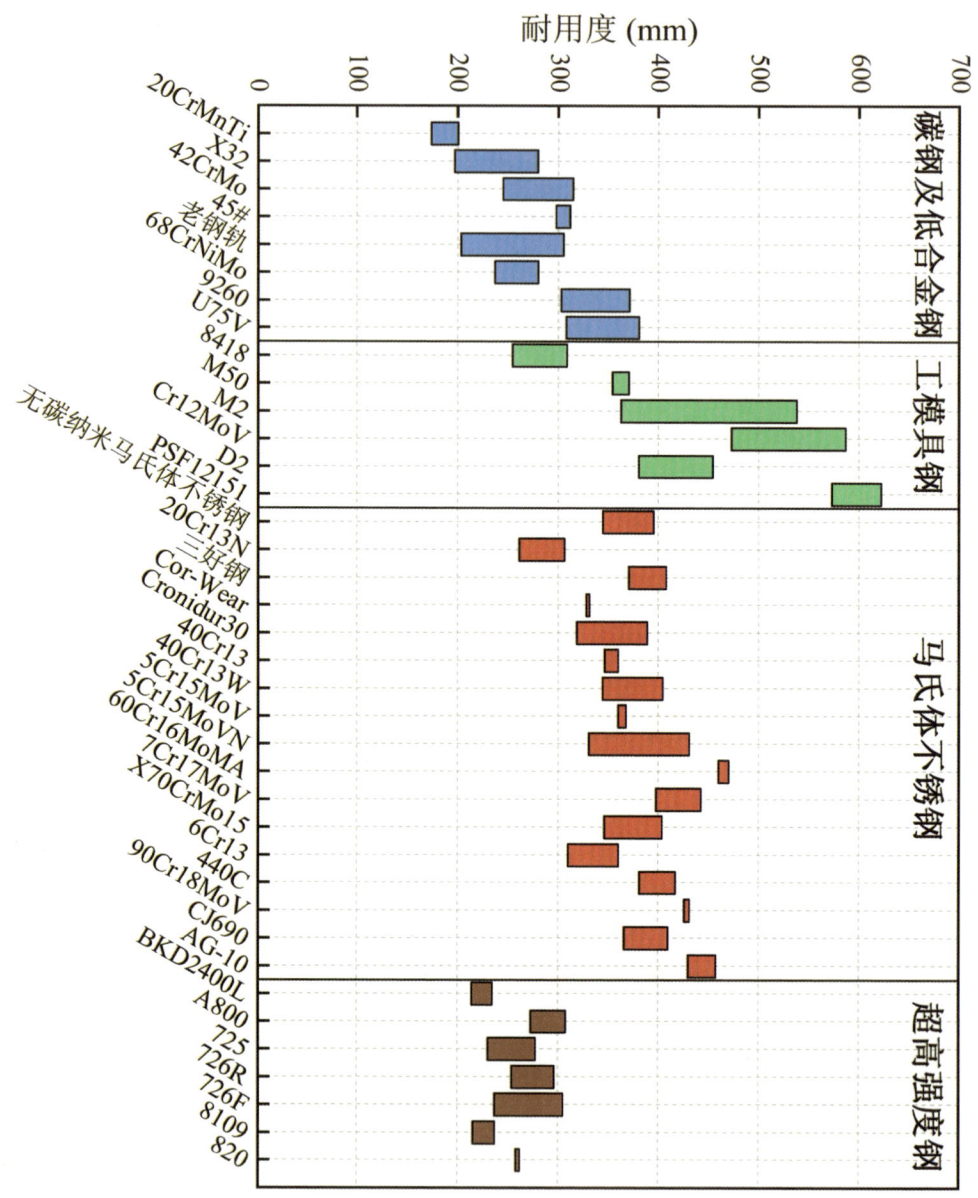

图 5-6 "大云锻刀会"刀具耐用度测试结果
Edge retention of the steels

经过热处理并开刃后,本次"大云锻刀会"参会刀具的硬度、微观组织和刃口宽度汇总详见表 5.7。

表 5.7 本次"大云锻刀会"参会刀具的硬度、微观组织和刃口宽度汇总
Knife hardness, microstructure and edge width

钢类	牌号	回火后硬度 (HRC)	微观组织	测试后刃口宽度 (mm)
碳钢及低合金钢	20CrMnTi	44	回火马氏体 + 少量贝氏体	25.9
	X32	51	回火马氏体 + 碳化物	24.8
	42CrMo	56	回火马氏体 + 贝氏体	25.4
	45	54	回火马氏体 + 贝氏体	21.5
	老钢轨	49	回火马氏体	23.6
	68CrNiMo	49	回火马氏体 + 少量碳化物	26.4
	9260	59	回火马氏体	21.3
	U75V	59	回火马氏体	20.9
工模具钢	8418	51	回火马氏体 + 碳化物	25.2
	M50	62	回火马氏体 + 碳化物	11.4
	M2	63	回火马氏体 + 碳化物	21.3
	D2	61	回火马氏体 + 碳化物	19.1
	Cr12MoV	60	回火马氏体 + 碳化物	20.4
	PSF12151	62	回火马氏体 + 碳化物	12.6
马氏体不锈钢 *	20Cr13N	52	回火马氏体 + 碳化物	25.3
	ChromiN®-30 (ThiE)	56	回火马氏体 + 碳化物	16.9
	Cor-Wear®	39	回火马氏体 + 碳(氮)化物	28.0
	Cronidur 30	45	回火马氏体 + 珠光体 + 碳(氮)化物	20.0
	5Cr15MoVN	56	回火马氏体 + 碳化物	19.1
	X70CrMo15	60	回火马氏体 + 碳化物	20.5
	60Cr16MoMA	56	回火马氏体 + 碳化物	20.0
	6Cr13	58	回火马氏体 + 碳化物	21.5
	90Cr18MoV	59	回火马氏体 + 碳化物	22.0

刀具服役性能评价 Kitchen Knife Performance

(续表)

钢类	牌号	回火后硬度(HRC)	微观组织	测试后刃口宽度 (mm)
马氏体不锈钢 *	AG-10	61	回火马氏体 + 碳化物	25.2
	CJ690	61	回火马氏体 + 碳化物	24.3
	440C	59	回火马氏体 + 碳化物	20.0
超高强度钢	BKD2400L	61	回火马氏体	25.7
	A800	59	回火马氏体（应含有一定量金属间化合物）	22.0
	725	45	回火索氏体 + 碳化物	29.3
	726R	46	回火马氏体	25.7
	726F	51	回火马氏体	27.0
	8109	40	回火马氏体 + 碳化物	27.3
	820	53	回火马氏体 + 碳化物	26.2

* 注：马氏体不锈钢中 4Cr13、4Cr13W、5Cr15MoV 和 7Cr17MoV 因故未能参加后续测试及观察。

5.2.2 刀具刃口的扫描电镜形貌观察 / Egde Morphology

经过服役性能测试后，对本次"大云锻刀会"的参会刀具逐一进行了刃口扫描电镜形貌观察，相关设备如图 5-7 所示，刃口的取样位置及观察方向如图 5-8 所示。

图 5-7 刀具刃口的扫描电镜形貌观察设备
SEM observation of knife edge morphology

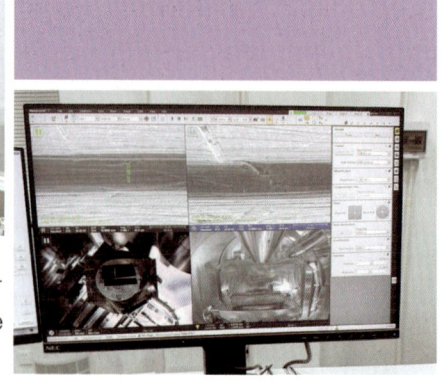

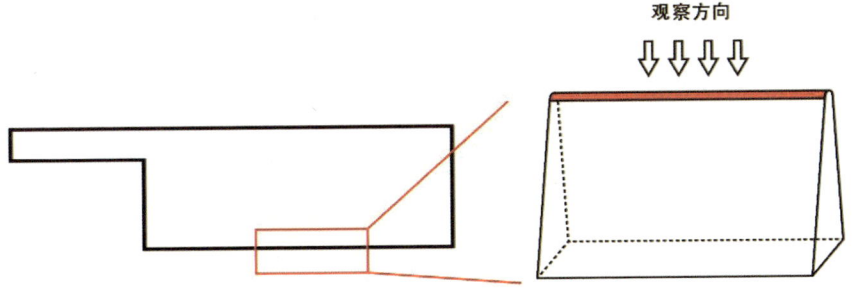

图 5-8 刀具刃口的取样位置及观察方向
Schematic diagram of knife sampling locations and observation directions

5.2.2.1 碳钢及低合金钢类刀具刃口的扫描电镜形貌 / Edge Morphology of Carbon Steel and Low Alloy Steel Knives

本次"大云锻刀会"碳钢及低合金钢类刀具刃口的扫描电镜形貌如图 5-9 至图 5-16 所示。

图 5-9 20CrMnTi 刀具刃口的扫描电镜形貌

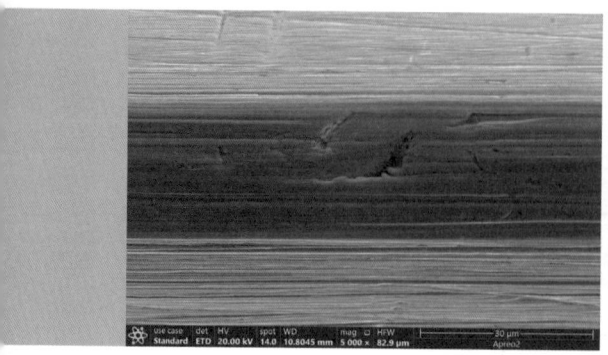

图 5-10 X32 刀具刃口的扫描电镜形貌

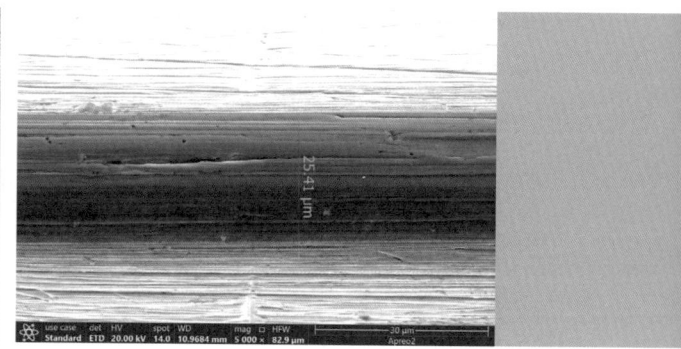

图 5-11 42CrMo 刀具刃口的扫描电镜形貌

图 5-12 45 刀具刃口的扫描电镜形貌

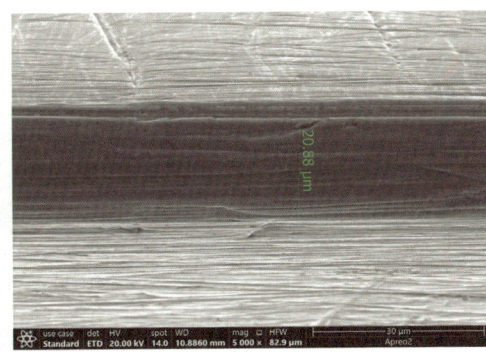

图 5-13 老钢轨刀具刃口的扫描电镜形貌

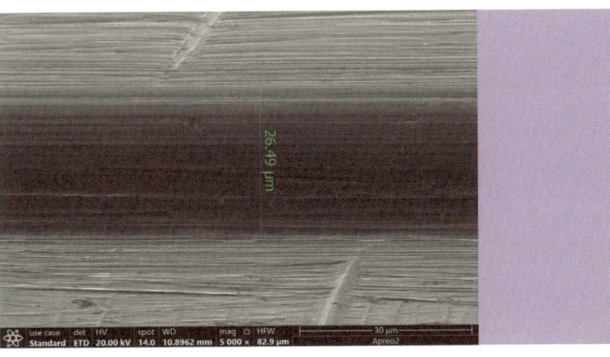

图 5-14 68CrNiMo 刀具刃口的扫描电镜形貌

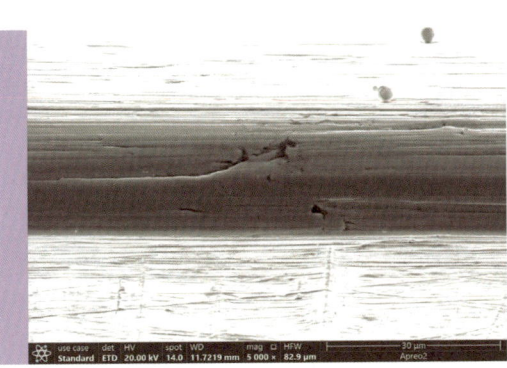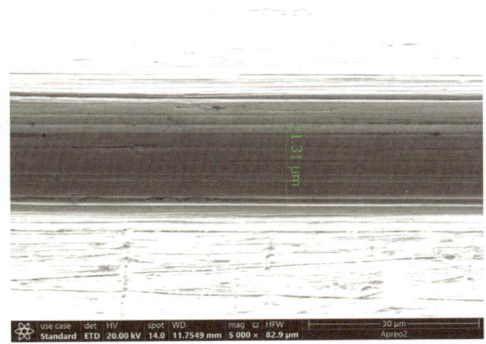

图 5-15 9260 刀具刃口的扫描电镜形貌

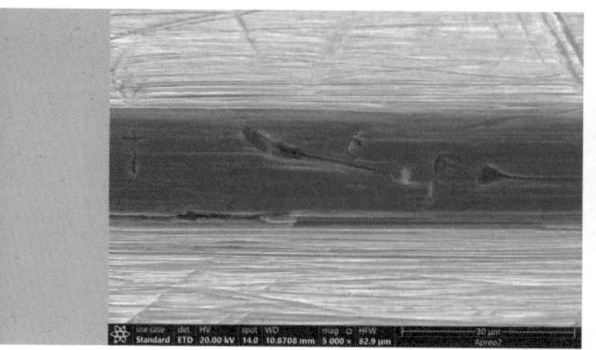

图 5-16 U75V 刀具刃口的扫描电镜形貌

5.2.2.2 工模具钢类刀具刃口的扫描电镜形貌 / Edge Morphology of Tool and Die Steel Knives

本次"大云锻刀会"工模具钢类刀具刃口的扫描电镜形貌如图 5-17 至图 5-22 所示。

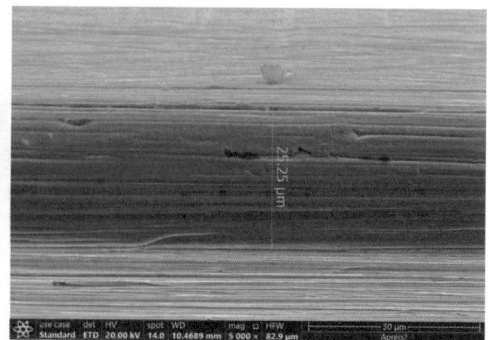

图 5-17 8418 刀具刃口的扫描电镜形貌

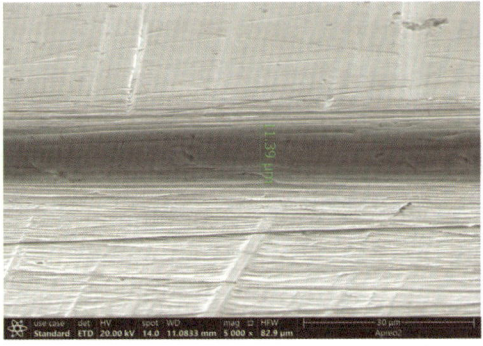

图 5-18 M50 刀具刃口的扫描电镜形貌

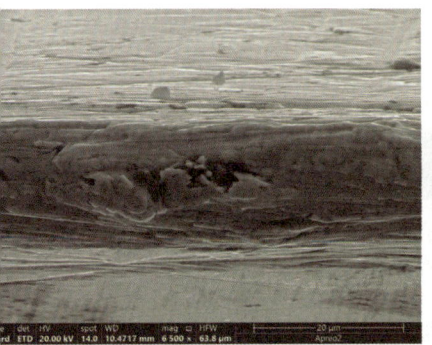
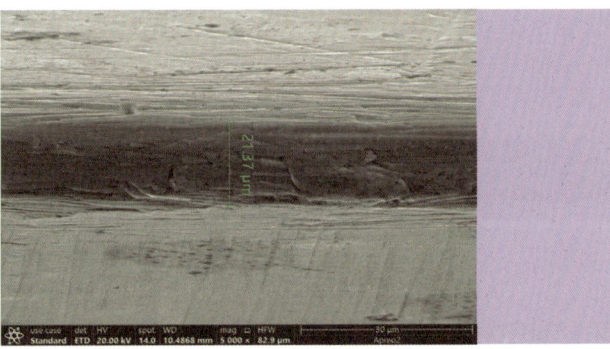

图 5-19 M2 刀具刃口的扫描电镜形貌

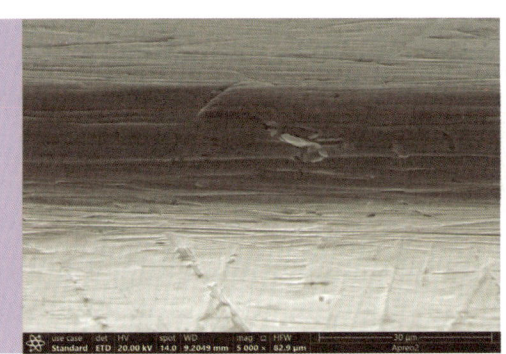
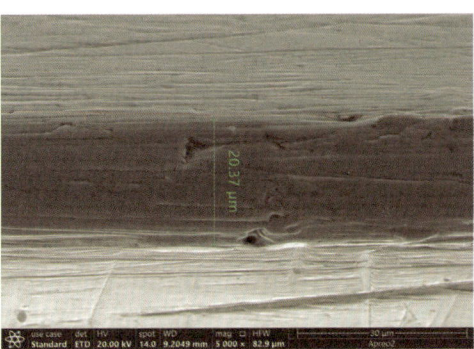

图 5-20 Cr12MoV 刀具刃口的扫描电镜形貌

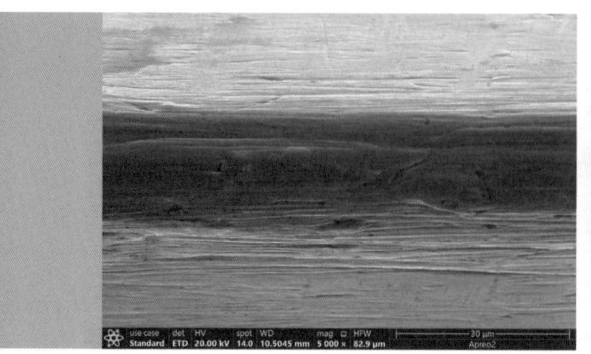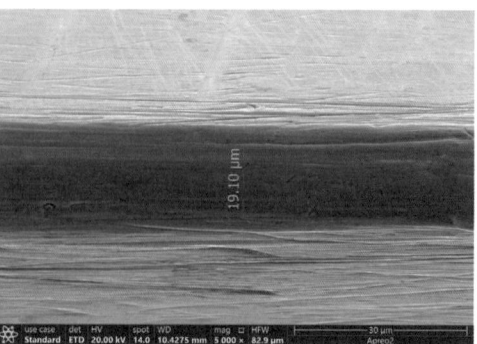

图 5-21 D2 刀具刃口的扫描电镜形貌

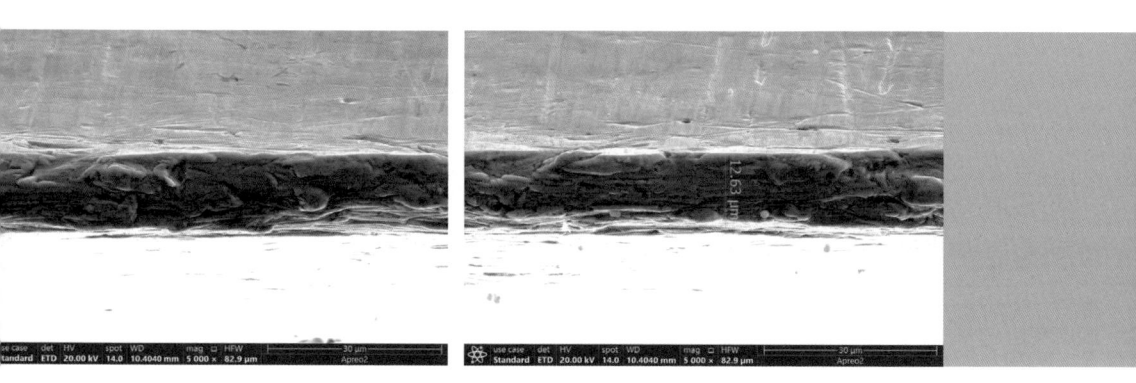

图 5-22 PSF12151 刀具刃口的扫描电镜形貌

5.2.2.3 马氏体不锈钢类刀具刃口的扫描电镜形貌 / Edge Morphology of Martensitic Stainless Steel Knives

本次"大云锻刀会"马氏体不锈钢类刀具刃口的扫描电镜形貌如图 5-23 至图 5-34 所示。

图 5-23 20Cr13N 刀具刃口的扫描电镜形貌

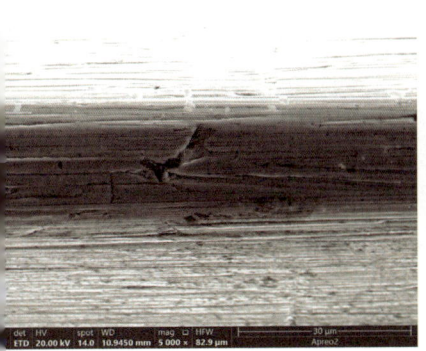
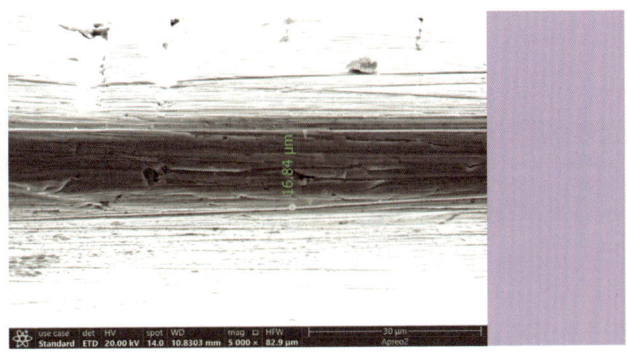

图 5-24 ChromiN®-30（ThiE）刀具刃口的扫描电镜形貌

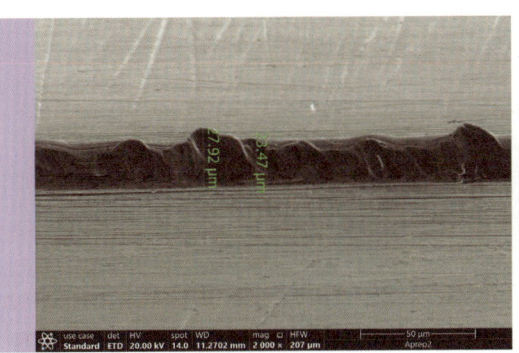
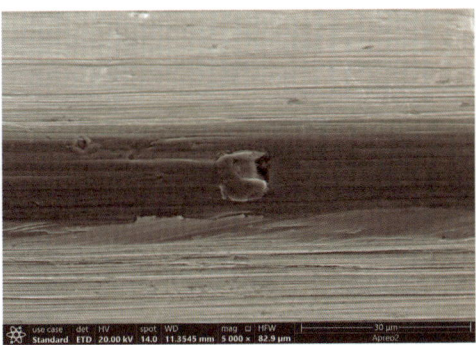

图 5-25 Cor-Wear® 刀具刃口的扫描电镜形貌

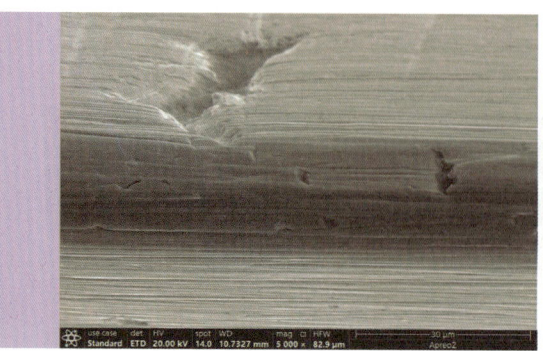

图 5-26 Cronidur 30 刀具刃口的扫描电镜形貌

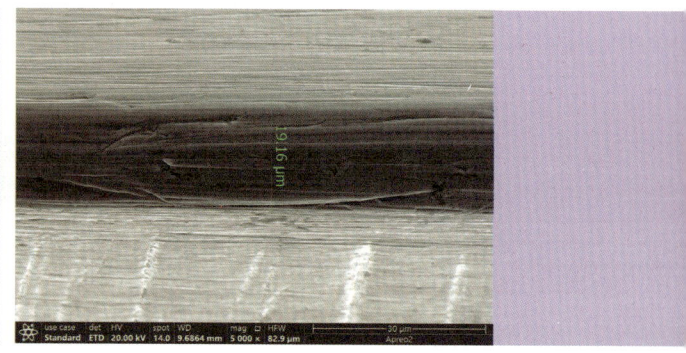

图 5-27 5Cr15MoVN 刀具刃口的扫描电镜形貌

图 5-28 60Cr16MoMA 刀具刃口的扫描电镜形貌

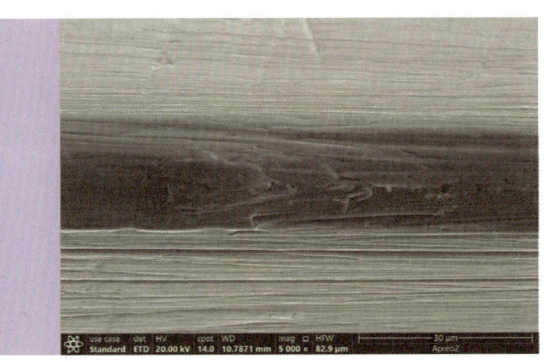 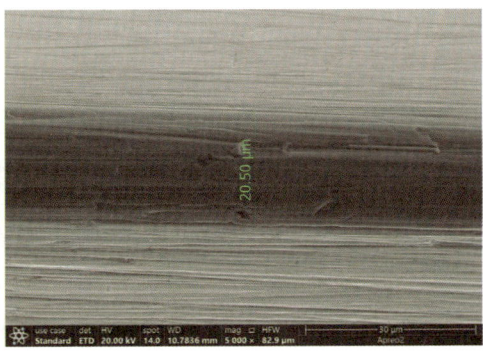

图 5-29 X70CrMo15 刀具刃口的扫描电镜形貌

 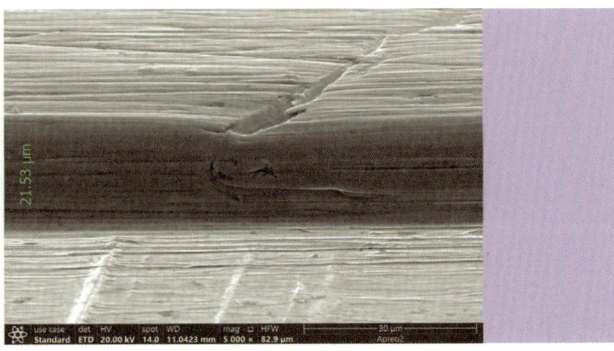

图 5-30 6Cr13 刀具刃口的扫描电镜形貌

 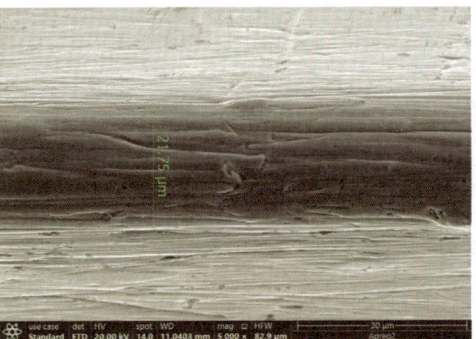

图 5-31 90Cr18MoV 刀具刃口的扫描电镜形貌

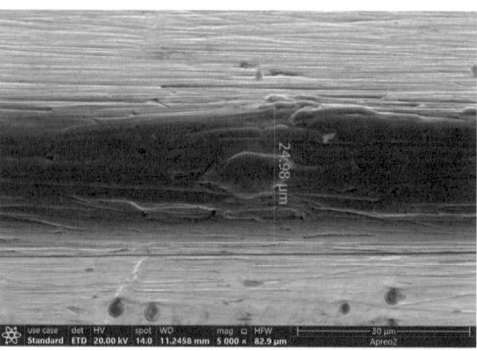

图 5-32 AG-10 刀具刃口的扫描电镜形貌

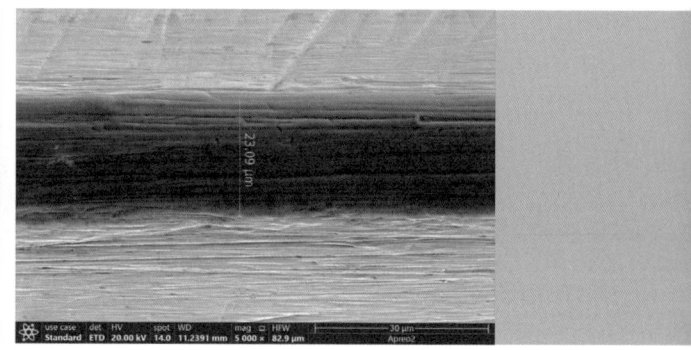

图 5-33 CJ690 刀具刃口的扫描电镜形貌

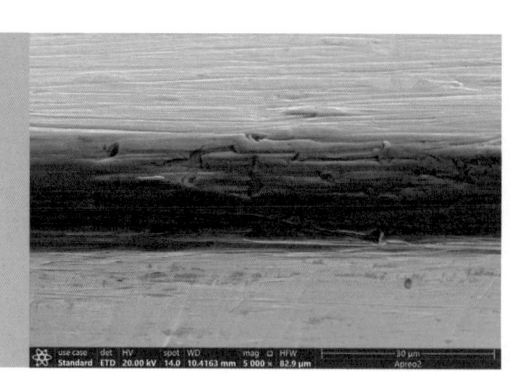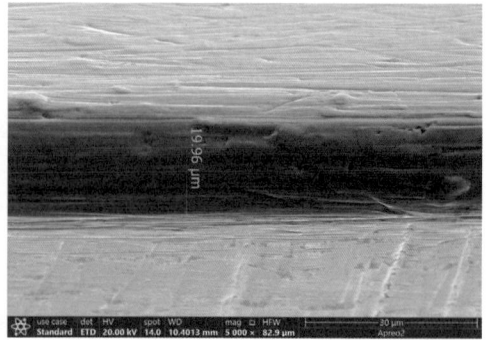

图 5-34 440C 刀具刃口的扫描电镜形貌

5.2.2.4 超高强度钢类刀具刃口的扫描电镜形貌 / Edge Morphology of Ultra-high Strength Steel Knives

本次"大云锻刀会"超高强度钢类刀具刃口的扫描电镜形貌如图 5-35 至图 5-41 所示。

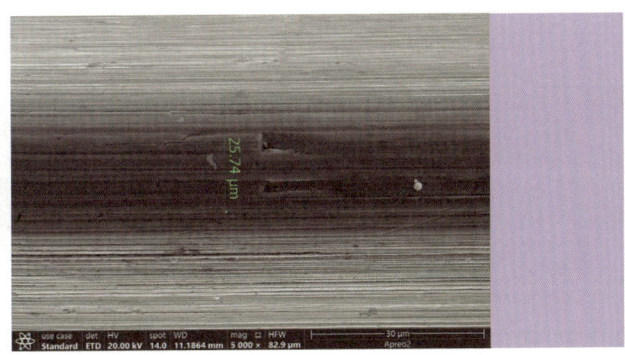

图 5-35 BKD2400L 刀具刃口的扫描电镜形貌

图 5-36 A800 刀具刃口的扫描电镜形貌

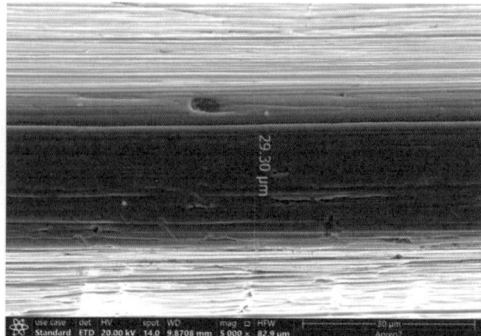

图 5-37 725 刀具刃口的扫描电镜形貌

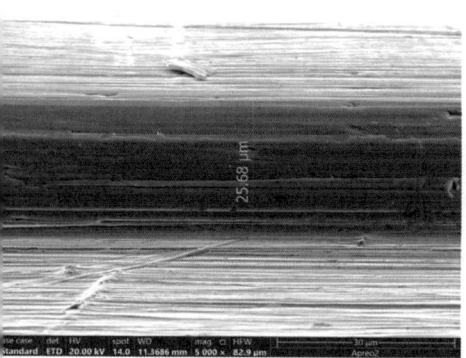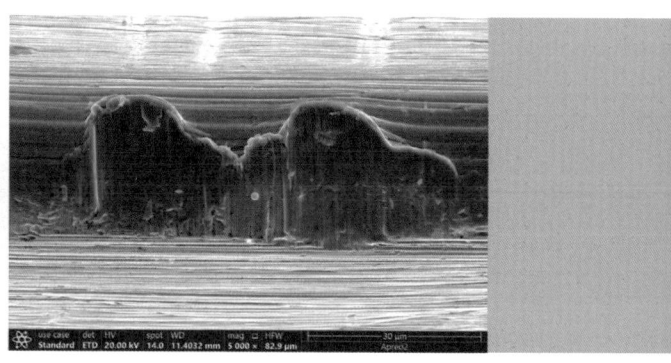

图 5-38 726R 刀具刃口的扫描电镜形貌

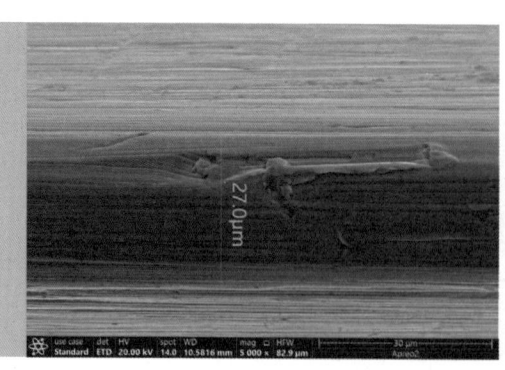

图 5-39 726F 刀具刃口的扫描电镜形貌

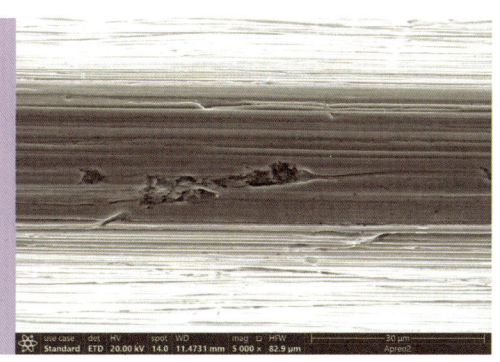

图 5-40 8109 刀具刃口的扫描电镜形貌

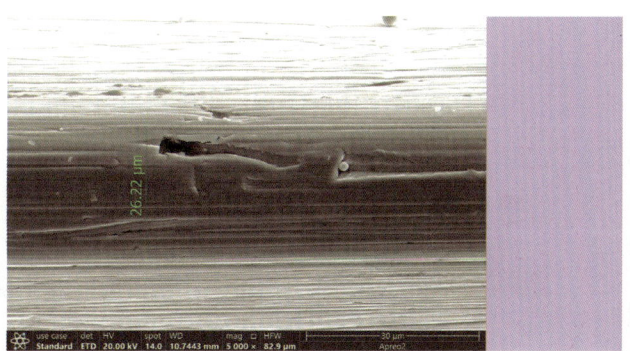

图 5-41 820 刀具刃口的扫描电镜形貌

5.2.2.5 刀具刃口的扫描电镜形貌观察结果总结 / Summary of the Edge Morphology

利用扫描电镜对刃口进行观察发现，在耐用度测试中，刃口的主要磨损机制是磨粒磨损，并伴有轻微的塑性变形现象。随着硬度的升高，犁沟深度降低，刃口宽度整体呈现下降趋势。

碳钢及低合金钢中第二相较少，导致刀刃表面主要受到切割对象 SiO_2 颗粒滑动产生的犁沟磨损，同时伴随少量塑性形变。

工模具钢和马氏体不锈钢中碳化物含量较高，其表面除犁沟外，还可见碳化物碎裂、脱出导致的微孔洞和微裂纹。

尽管超高强度钢中存在析出相，然而由于其尺寸较小，未能有效阻碍磨损过程。

5.2.3 刀具刃口强度测试 / Edge Strength Testing

采用如图 5-42 所示的测试设备,在参会刀坯刃口中心选取 ≥ 50 mm 平直段并标记,将刀具垂直固定于夹具系统(刃口朝上)。随后装配直径 4 mm 镀锌铁丝于刃口正上方,通过磁力夹具确保铁线与刃口平面呈 90° 正交。启动摆锤冲击试验机后,利用水平仪校准摆锤接触点与铁丝接触面,清零角度传感器并设置抬升角度为 45°。试验后采用体视显微镜观察刃口形貌,根据形貌判断刀刃抗冲击性能。参会刀坯刃口在抗击试验中出现的典型情况主要为卷刃、崩刃和塑性变形(图 5-43 至图 5-46)。

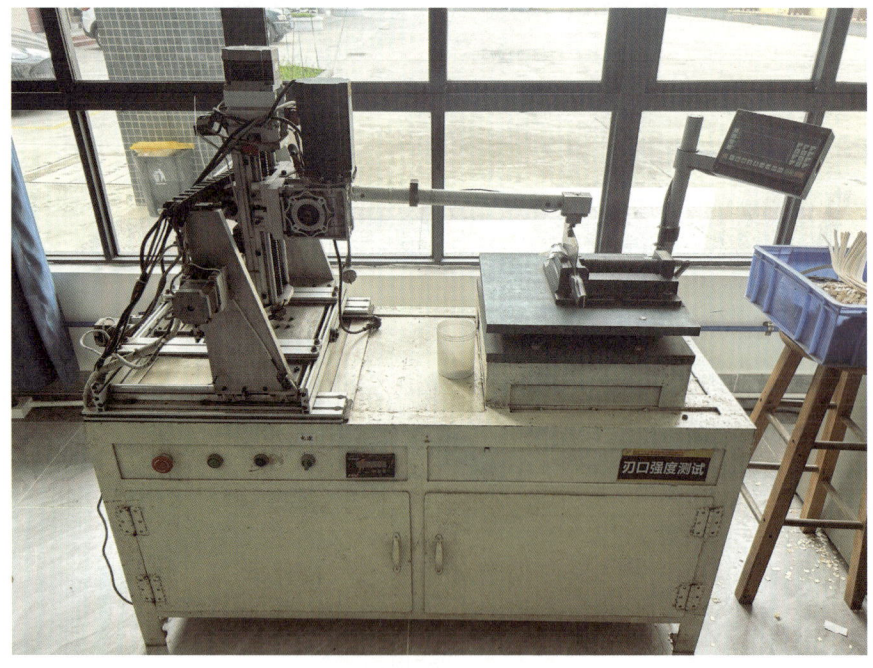

图 5-42 刀具刃口抗冲击强度测试仪
Testing instrument of edge strength

图 5-43 碳钢及低合金钢类中的 20CrMnTi 刀坯刃口抗冲击测试后的卷刃形貌

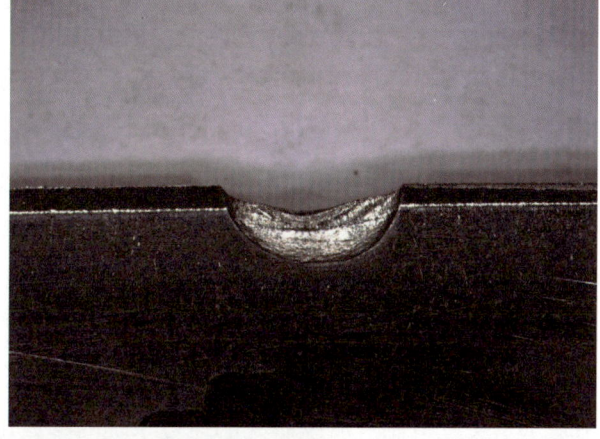

图 5-44 超高强度钢类中的 8109 刀坯刃口抗冲击测试后的卷刃形貌

图 5-45 工模具钢类中的 Cr12MoV 刀坯刃口抗冲击测试后的崩刃形貌

图 5-46 马氏体不锈钢类中的 AG-10 刀坯刃口抗冲击测试后的崩刃形貌

刀具在刃口强度冲击作用下的失效模式主要分为卷刃和崩刃两种，其损伤模式主要受材料硬度和韧性两个关键性能指标调控。实验结果显示，低硬度材料（如 20CrMnTi、8109 等）在受到冲击时倾向于发生塑性变形，进而在刃口承载区域发生卷刃现象；而低韧性材料（如 Cr12MoV、AG-10 等）则因裂纹萌生与扩展倾向显著，常呈现脆性崩刃。值得注意的是，刃口在刃口强度冲击下的损伤演变过程涉及应力场分布、微观组织演变的复杂耦合作用，现有研究尚未完全阐明各影响因子的作用权重及交互机制。后续研究需通过系统的参数化的测试来研究刀具刃口强度的影响因素。

5.2.4 锋利度与耐用度的评价 / Evaluation of Knife Edge Sharpness and Retention

根据图 5-47 所示的趋势来看，锋利度与碳含量之间呈现一定的正相关关系。一般认为，刀具的锋利度代表着刀具切割介质时受到的阻力。较高的碳含量可以提升钢材的硬度，从而提升材料的切割能力。硬度越高，代表着材料在切割过程中刀刃的抗变形能力越强，更容易侵入被切割物体。然而，这一指标不仅受刀具材料自身性质的制约，开刃角度等几何因素同样对刀具的锋利度产生影响。因此，它们之间并非完全的正相关关系。

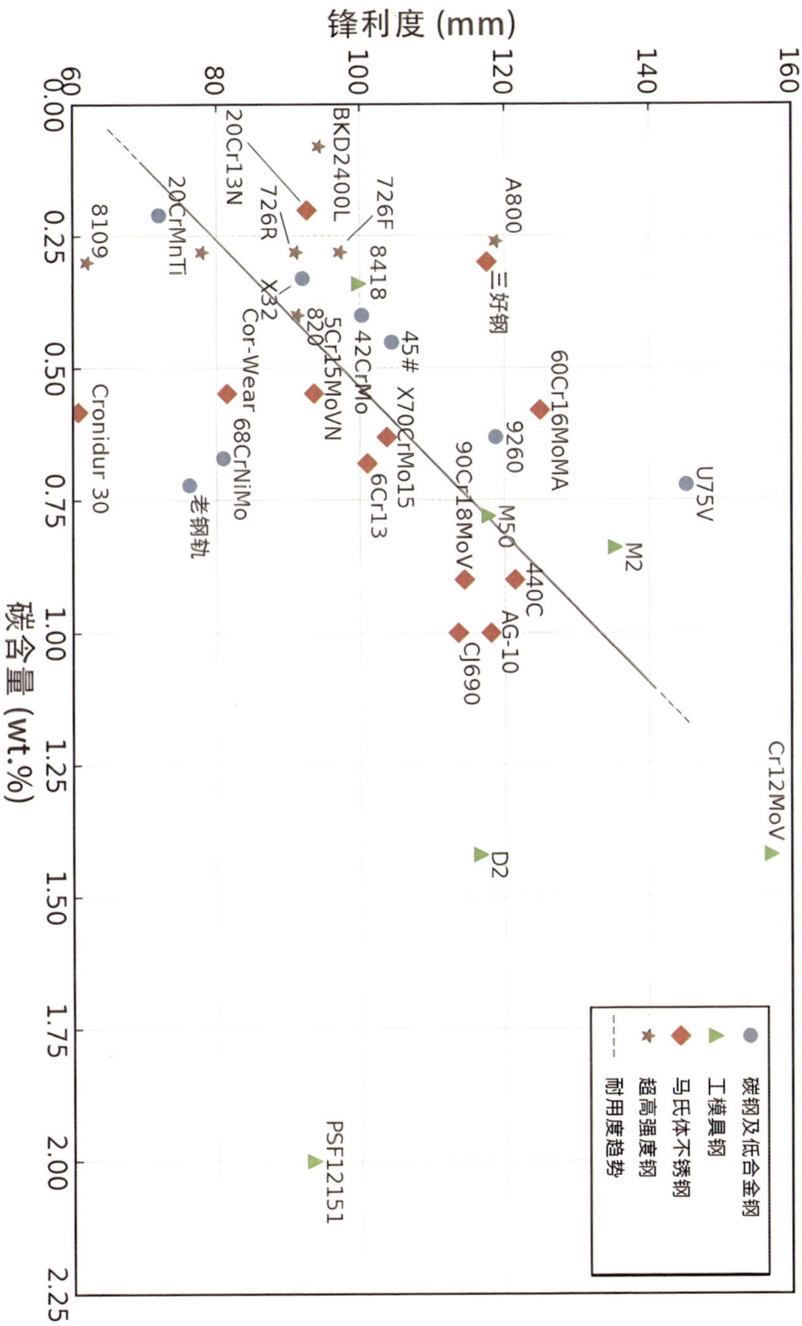

图 5-47 锋利度与碳含量的关系
Relationship between edge sharpness and carbon content

从图 5-48 所示的趋势线来看，耐用度与碳含量之间呈现一定的正相关关系。相关系数约为 0.71（该数值越接近 1 表示其越接近正比关系），并非完全的正比关系。较高的碳含量可以提升材料的硬度，从而提升刀具的耐磨性。从图 5-48 来看，高碳马氏体不锈钢相较于碳钢及低合金钢表现出更加优秀的耐用度，证明碳化物对于刀具耐用度的提升具有积极作用。

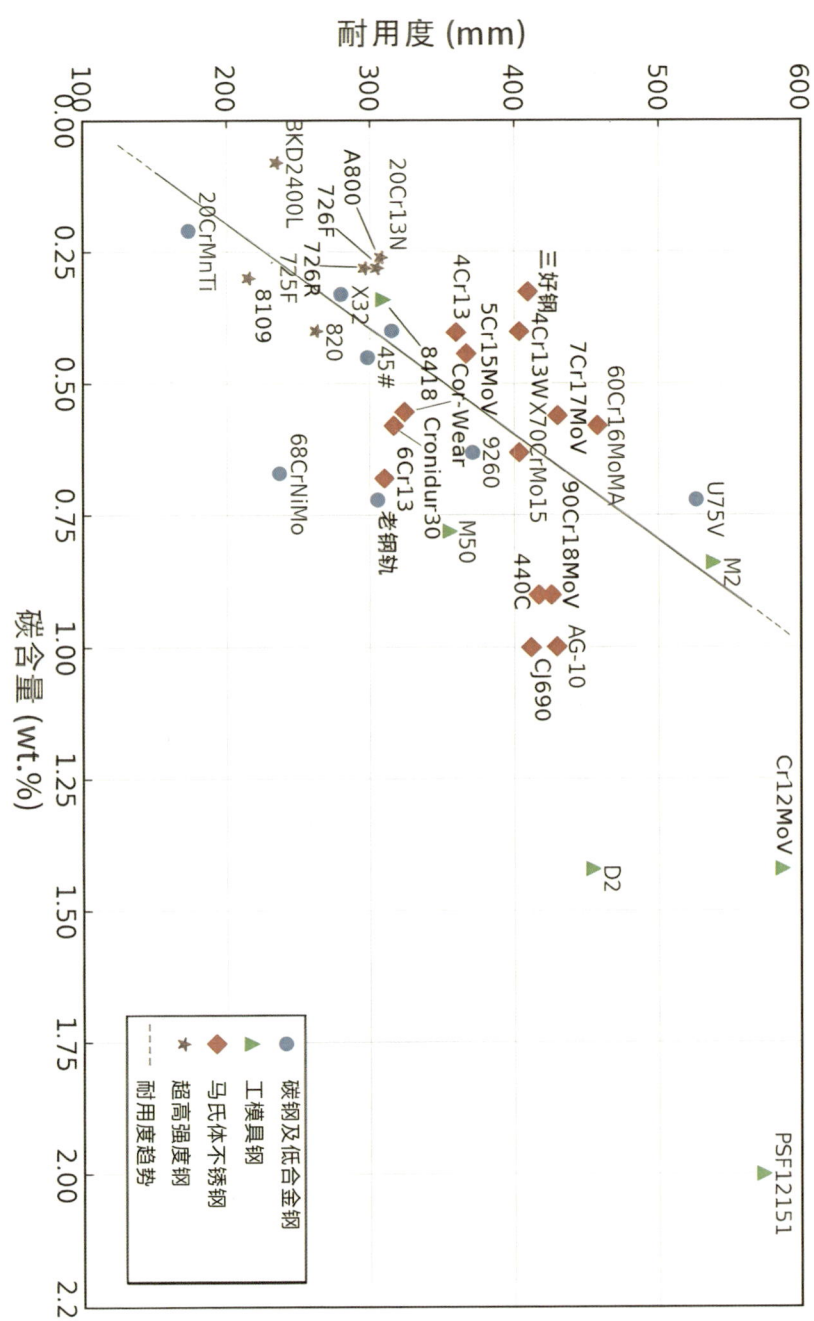

图 5-48 耐用度与碳含量的关系
Relationship between edge retention and carbon content

从图 5-49 中的趋势线来看，锋利度与硬度之间呈正相关关系，即硬度越高，锋利度越高。根据本次"大云锻刀会"的测试结果，硬度与锋利度的相关系数约为 0.64。

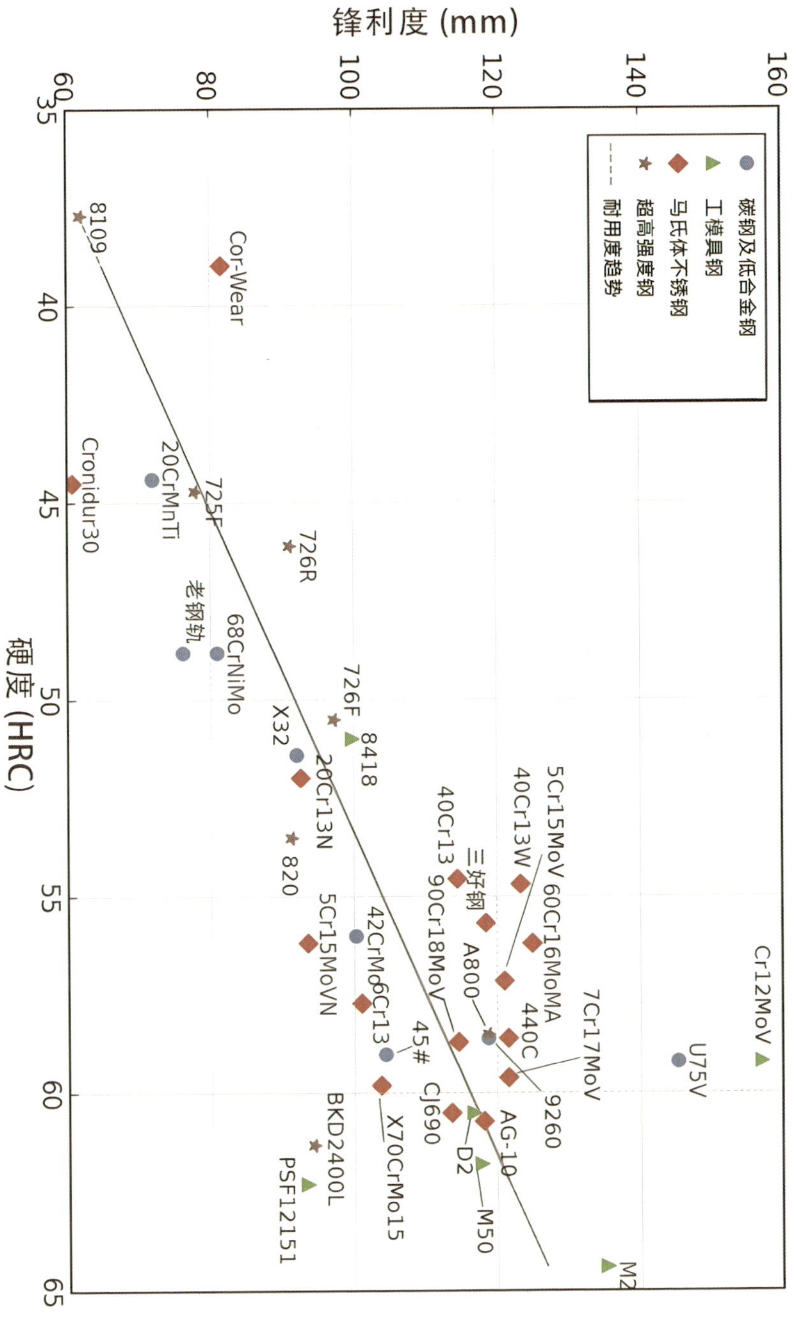

图 5-49 锋利度与硬度的关系

Relationship between edge sharpness and hardness

从图 5-50 中的趋势线来看，耐用度与硬度之间呈正相关关系，即硬度越高，耐用度越高。根据本次"大云锻刀会"的测试结果，刀具耐用度与硬度的相关系数约为 0.78。一般认为硬度越高，材料在使用过程中耐磨性越好。然而，尽管硬度极高，超高强度钢 A800 与 BKD2400L 在耐用度上的表现并未显著优于其他材料。因此对于刀具的耐用度而言，硬度并非其唯一的影响因素。

根据图 5-51 和图 5-52 所示，锋利度、耐用度似乎均与冲击韧性呈现负相关关系，但却不能这样简单地下定论。因为同一韧性等级的材料（如马氏体不锈钢）在锋利度与耐用度方面并没有呈现完全的规律性，因此冲击韧性与刀具服役性能的关系仍需继续探究。

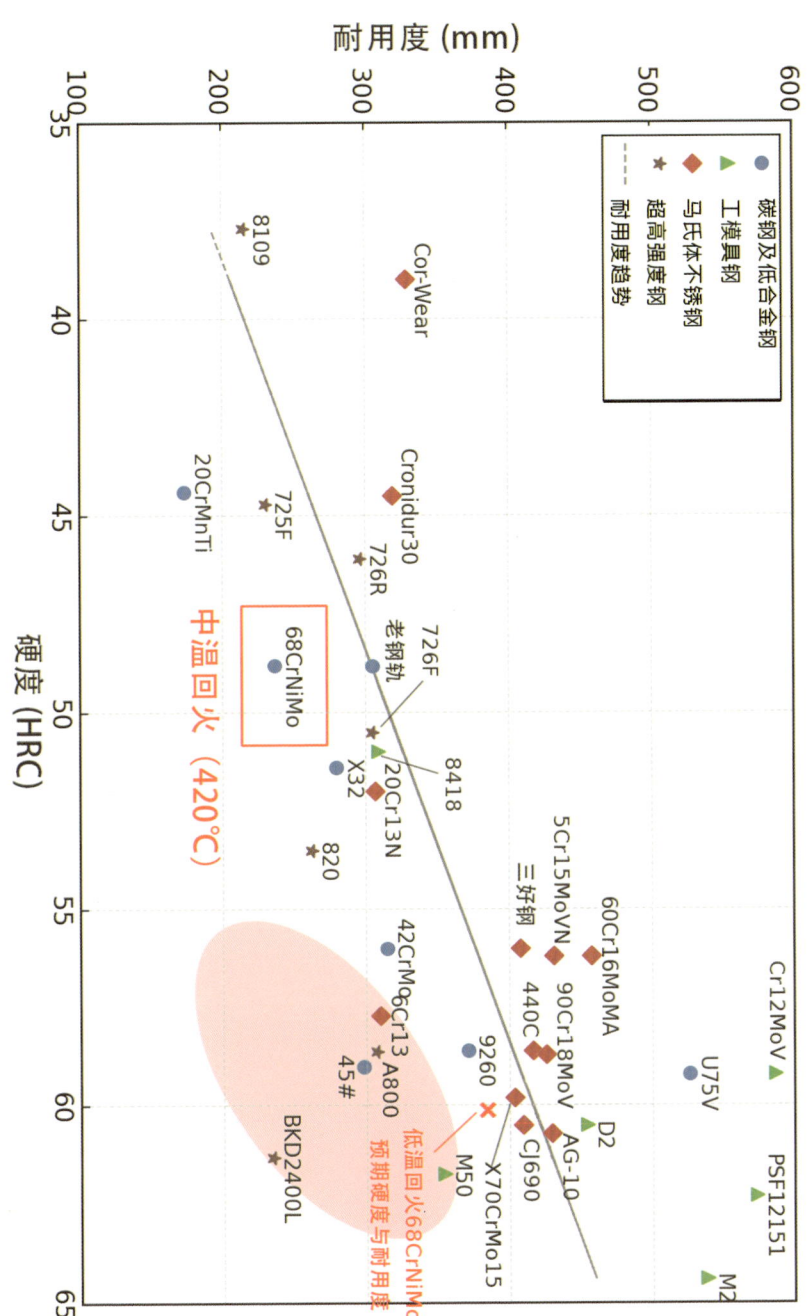

图 5-50 耐用度与硬度的关系
Relationship between edge retention and hardness

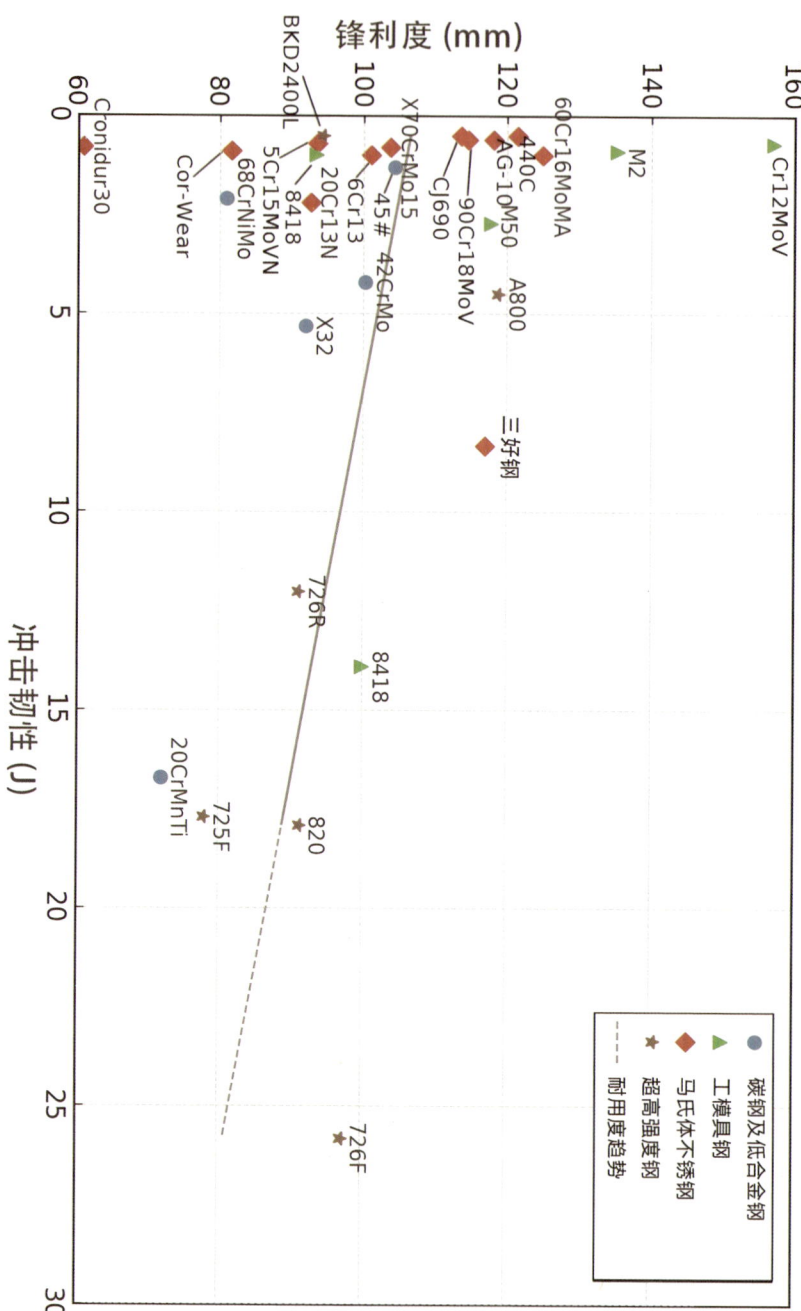

图 5-51 锋利度与冲击韧性的关系
Relationship between edge sharpness and impact toughness

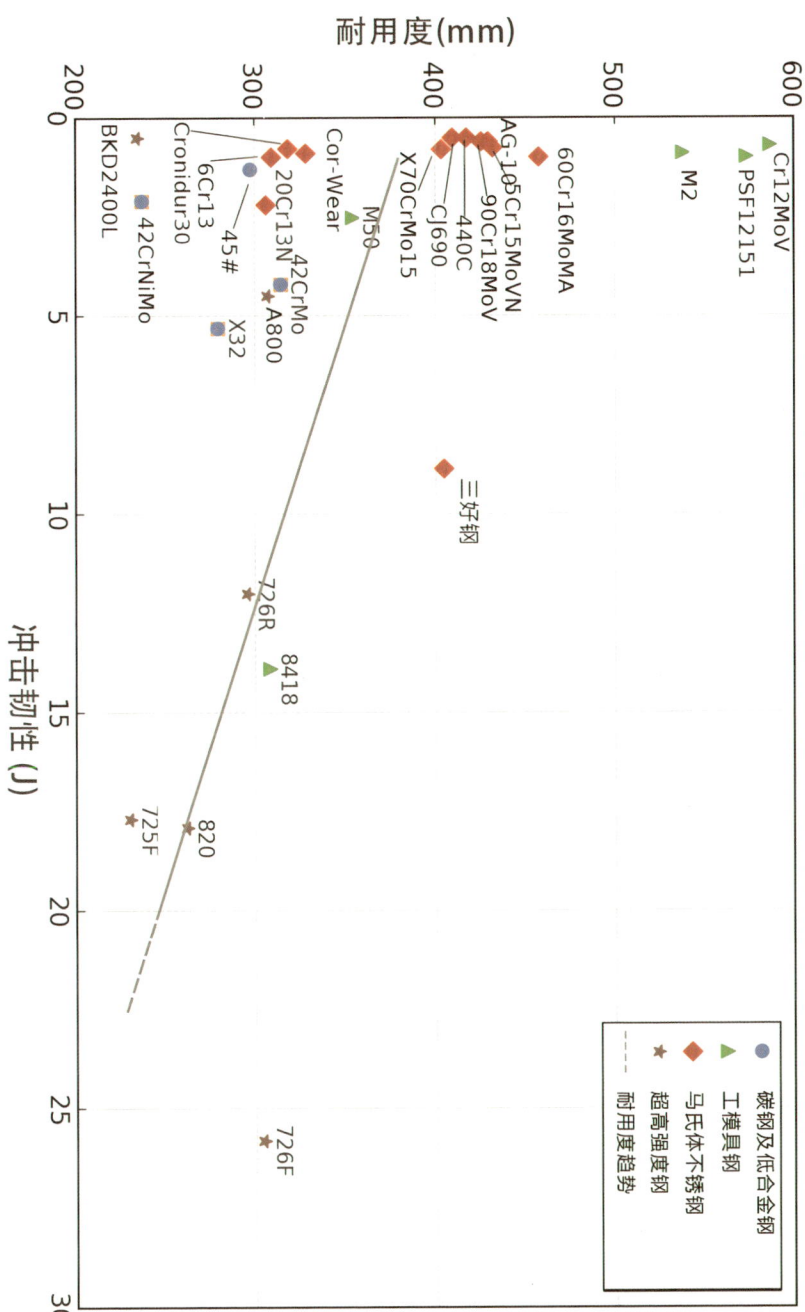

图 5-52 耐用度与冲击韧性的关系

Relationship between edge retention and impact toughness

5.3 碳化物对刀具服役性能的影响 / Effect of Carbides on Knife Service Performance

对于碳化物的探讨，最后总要落到一个问题：什么样的碳化物对刀具性能有最积极的影响？

"大云锻刀会"参会的刀具钢中的碳（氮）化物类型及主要元素详见表5.8。

表5.8 碳（氮）化物类型及其主要元素
Carbide (nitride) types and their main elements

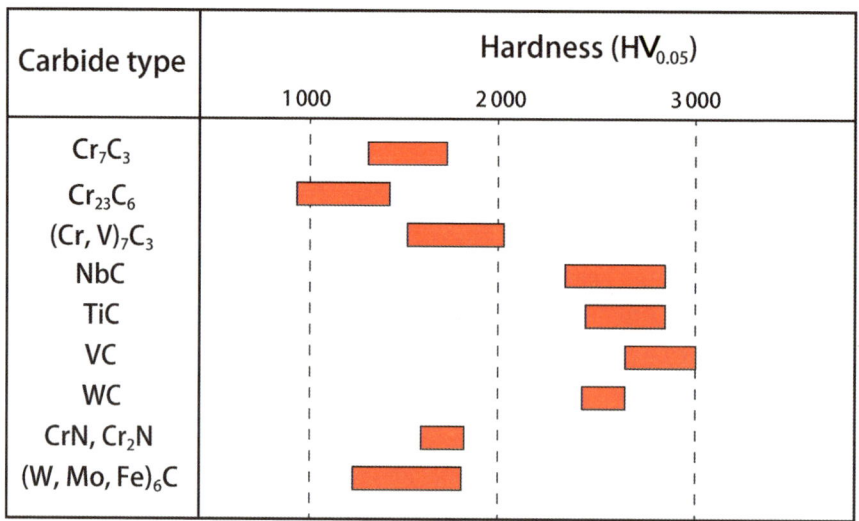

那么，这些碳化物中，哪种对刀具性能有最积极的影响呢？美国的Thomas Larrian 提出了一个预测刀具耐用度的公式：

TCC(mm)= − 157 + 15.8 × HRC − 17.8 × 开刃角度（°）+ 11.2 × CrC(%) + 14.6 × CrVC(%) + 26.2 × MC(%) + 9.5 × M_6C(%) + 20.9 × MN(%) + 19.4 × CrN(%)

（公式来源：https://knifesteelnerds.com/2021/10/19/knife-steels-rated-by-a-metallurgist-toughness-edge-retention-and-corrosion-resistance）

该公式的拟合度 R^2 达到了 0.79，表明与实际情况有着较高的符合度。从公式中可以看到，对于刀具耐用度的贡献度排序为 $MC>MN>Cr2N \geqslant (Cr_{23}C_6 \& Cr_7C_3)>M_6C$。然而上述公式是 Larrian 通过大量的实验数据得到的一个经验公式，下面我们从微观的角度分析碳化物对于刀具性能的影响。

MC 型碳化物在磨损的过程中起到了阻碍磨损的作用，这是由于 MC 型碳化物和马氏体基体的界面关系为半共格界面，且 MC 型碳化物以细小颗粒的形式在钢中析出，这意味着 MC 型碳化物与基体的结合强度更高。因此，在 MC 型碳化物在磨损的过程中起到了阻碍磨损的作用，少数 MC 型碳化物会脱出并参与到磨损过程中。

$M_{23}C_6$ 型碳化物呈现的也是半共格界面。$M_{23}C_6$ 型碳化物虽然能起到阻碍磨损的作用。但是相较于 MC 型碳化物，$M_{23}C_6$ 型碳化物更软，因此阻碍作用有限。且 $M_{23}C_6$ 型碳化物的尺寸分布范围较大，从亚微米级到 10 微米不等。亚微米级的碳化物可以阻碍磨损，而大尺寸的碳化物在这一过程中更容易受力脱出并参与到磨损过程中加剧磨损（图 5-53）。

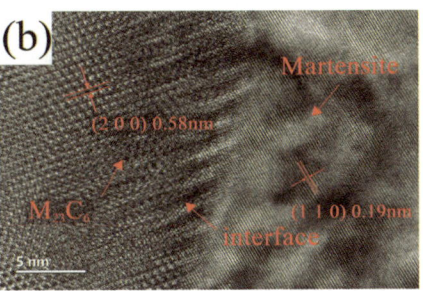

图 5-53 60Cr16MoMA 中 $M_{23}C_6$ 型碳化物与基体的界面关系
Interfacial relationship between $M_{23}C_6$ and the matrix in 60Cr16MoMA

而 M_7C_3 型碳化物在这一过程中表现更为糟糕。M_7C_3 型碳化物通常在钢液凝固末期析出（图 5-54）。且随着碳含量的增加，M_7C_3 型碳化物相区扩大，即析出量增加（图 5-55）。尽管 M_7C_3 碳化物的硬度相较于 $M_{23}C_6$ 碳化物更高，但是刀具钢中的共晶 M_7C_3 型碳化物与基体呈现非共格关系（图 5-56）。这就意味着在磨损过程中，M_7C_3 型碳化物更容易在碳化物 / 基体的界面处产生裂纹。

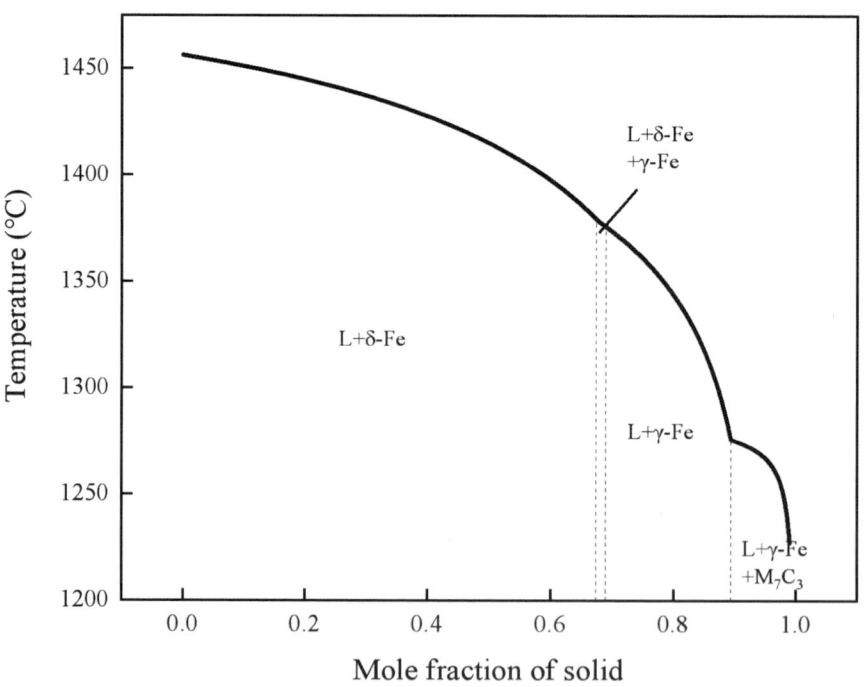

图 5-54 60Cr16MoMA 钢的平衡凝固性质图
Equilibrium solidification diagram of 60Cr16MoMA steel

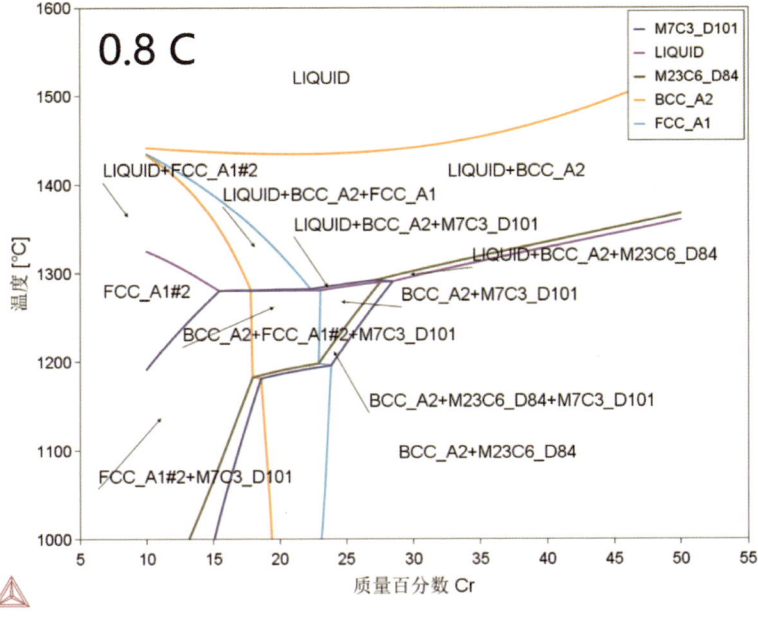

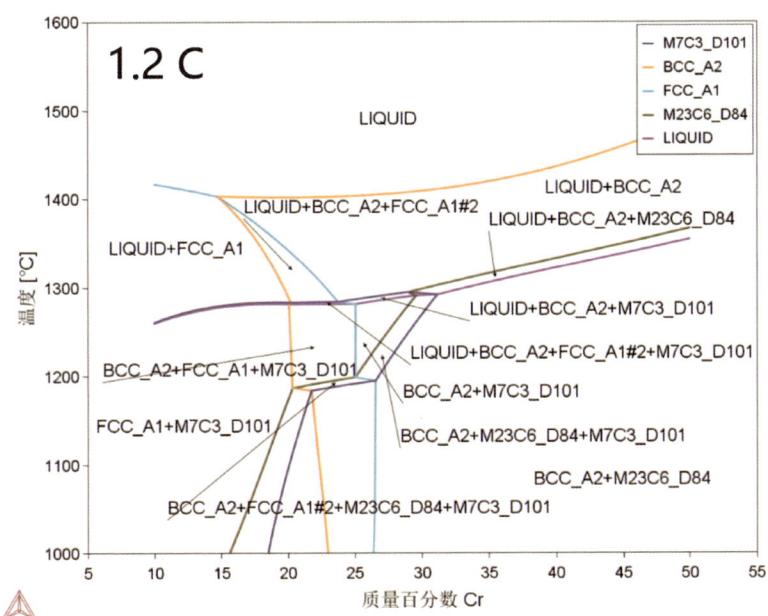

图 5-55 不同碳含量马氏体不锈钢相图（图片来源：北京科技大学尚成嘉绘制）
Phase diagrams of martensitic stainless steels with different carbon contents

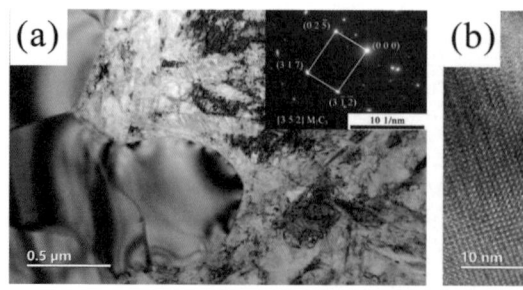 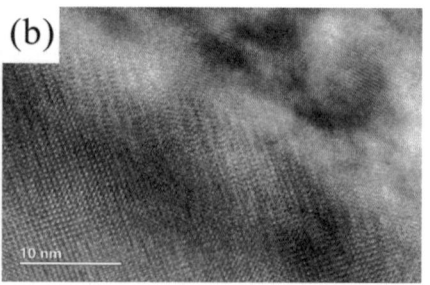

图 5-56 M$_7$C$_3$ 型碳化物与基体的界面关系
Interfacial relationship between M$_7$C$_3$ and the matrix in 60Cr16MoMA

但是，M$_7$C$_3$ 型碳化物并不稳定。在特定条件下 M$_7$C$_3$ 型碳化物可能向 M$_{23}$C$_6$ 型碳化物转变。李晶等人的研究表明：在一定温度下，M$_{23}$C$_6$ 型碳化物会在 M$_7$C$_3$ 型碳化物/基体界面上形核、长大，最终形成 M$_7$C$_3$/M$_{23}$C$_6$ 的核/壳结构。其中，核/壳结构的 M$_7$C$_3$ 型碳化物的核心尺寸随着保温时间的延长会逐渐减小。这就是 M$_7$C$_3$/M$_{23}$C$_6$ 原位转变机理（图 5-57）。具体的机制可以描述为：在原位相变开始时，M$_{23}$C$_6$ 型碳化物在 M$_7$C$_3$ 型碳化物/基体界面处形核，并且形成围绕共晶 M$_7$C$_3$ 型碳化物的壳。如图 5-57(b) 所示，一旦生成核壳结构，M$_{23}$C$_6$ 壳中碳原子的扩散是 M$_7$C$_3$/M$_{23}$C$_6$ 原位转变的限制因素并维持转变。同时，M$_7$C$_3$ 壳层的形成不仅是原位转变的结果，也是 M$_7$C$_3$ 型碳化物粗化的结果。基体中铬原子的扩散是 M$_{23}$C$_6$ 壳层粗化的限制因素，但是 M$_{23}$C$_6$ 壳层仍然会粗化。在 1 000 ℃下热处理 7 h 后，M$_7$C$_3$/M$_{23}$C$_6$ 核壳结构转变为具有各种取向的均质 M$_{23}$C$_6$ 型碳化物，如图 5-57(c) 所示。转变后的 M$_{23}$C$_6$ 型碳化物与相邻基体和共晶 M$_7$C$_3$ 型碳化物核心没有恒定的取向关系。

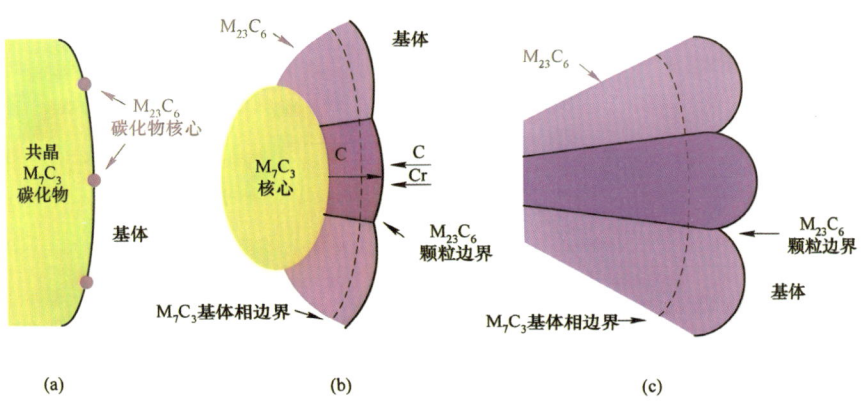

图 5-57 M₇C₃/M₂₃C₆ 原位转变机理示意图（图片来源：Zhang J, Li J, Shi C, et al. Evolution of eutectic carbide during M7C3/M23C6 in situ transformation in martensitic stainless steel[J]. steel research international, 2022, 93(9): 2200231.）
Schematic diagram of the in-situ transformation mechanism of M₇C₃/M₂₃C₆

Liu 等人研究了 90Cr18MoV 马氏体不锈钢在固相线附近高温扩散退火处理过程中 M_7C_3 型碳化物的变化行为（图 5-58）。结果表明：在固相线以下，大部分小尺寸的 M_7C_3 型碳化物溶解于基体中，大尺寸 M_7C_3 型碳化物的溶解受到限制；在固相线以上，晶界周围出现了一定量的液相。同时，晶粒内部出现了两种不同类型的析出相，分别为以 M_7C_3 型碳化物、以 bcc 相为主的共晶产物和以 $M_{23}C_6$ 型碳化物为主的离异共晶产物。热力学计算表明，随着 Mn 含量的增加，$M_{23}C_6$ 型碳化物的吉布斯自由能小于 M_7C_3 型碳化物的。因此，Mn 含量的差异是形成这两类析出物的主要原因，即在低 Mn 含量的区域形成 M_7C_3 型碳化物，而在高 Mn 含量的区域能够观察到 $M_{23}C_6$ 型碳化物。因此，引入一定量的 MnS 夹杂物可以抑制 M_7C_3 型碳化物的析出。

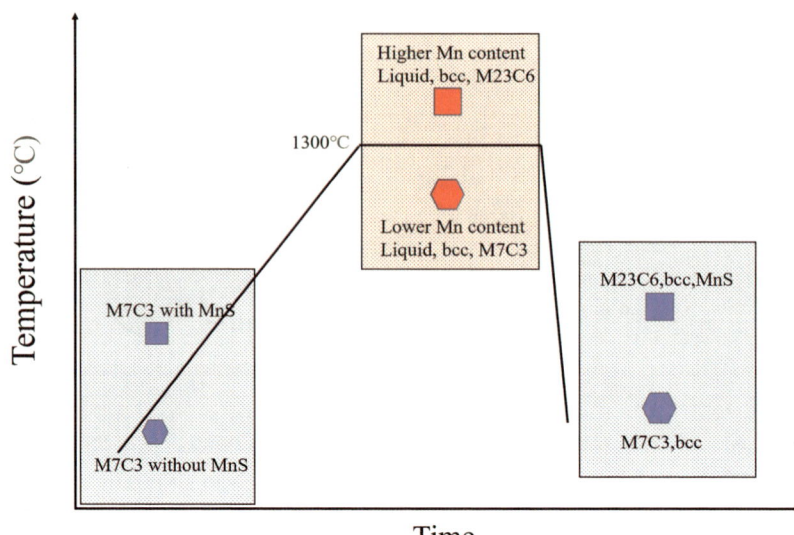

图 5-58　1 300 ℃时 M_7C_3 型碳化物的转变示意图（图片来源：Liu W, Guo F, Liang S, et al. Evolution of M7C3 carbides near the solidus and the influence of Mn element on the formation of M23C6 carbides in a high carbon martensitic stainless steel 90Cr18MoV[J]. Materials Characterization, 2023, 205: 113336. ）
Schematic illustration of transformation of M_7C_3 carbides at 1 300℃

　　以上为刀具钢中常见的碳化物的性质。下面推广到实际应用场景：一般来说，马氏体基体的硬度要远低于试纸中的 SiO_2 颗粒。而对于碳化物，即便是相对较软的 $M_{23}C_6$ 颗粒，其硬度也与 SiO_2 颗粒相当。如图 5-59 所示，在理想模型下，在刀具磨损的过程中，基体先被去除，碳化物凸浮于表面上，阻碍进一步的磨损。然而在实际的摩擦磨损中，碳化物的类型、尺寸都有差异。碳化物、基体、磨粒三者复杂的耦合作用导致了不同的磨损机制。在耐用度试验中，刀具经历多种磨损的过程。从如图 5-60 所示的扫描电镜形貌中可以看到，刃口处存在着犁沟、剥落坑、微孔洞等形貌，对应着在这一过程中的碳化物存在着断裂、滚出等机制。

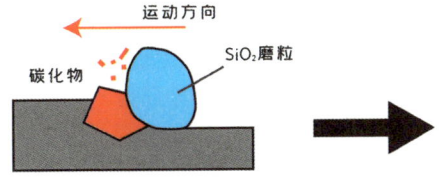
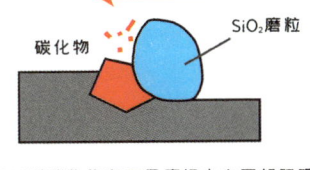

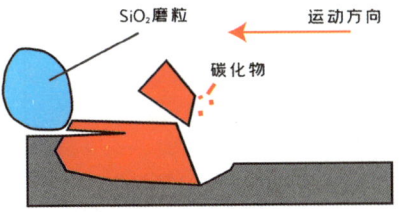
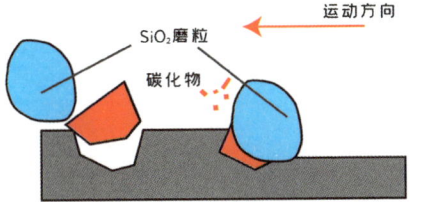

图 5-59 碳化物对材料磨损的影响
Effect of carbides on wear

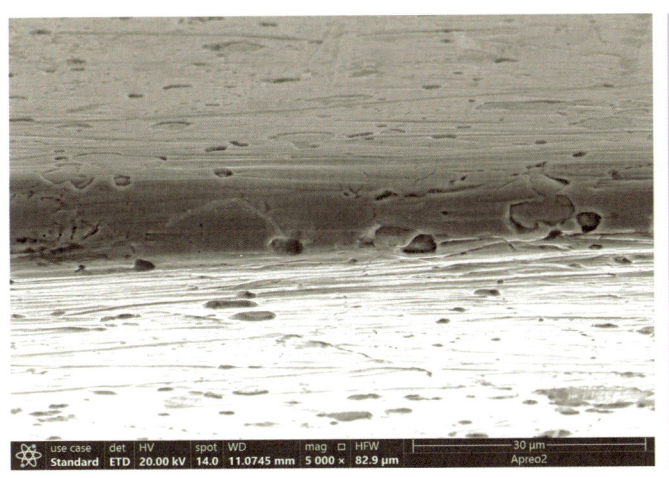

图 5-60 9Cr18MoV 刀具耐用度测试后的碳化物剥落坑
Carbide spalling pits after edge retention testing of 9Cr18MoV knives

Wu 等人探究了 90Cr18MoV 与 50Cr15MoV 刀片的锋利度保持与磨损的关系。如图 5-61 所示，根据研究，刀刃的磨损量与切削次数和实际施加载荷成正比。而三体磨粒磨损正是刀尖形状恶化的主要机制。在刀具切割实验中，随着刀刃变钝，切割深度下降，当刀刃与切割介质的平均接触压力降低到一定程度时，刀具破坏割介质的模式从切割变为磨损。因此，钝钢刀片中的碳化物也可以提高其对实验介质的磨削速率。

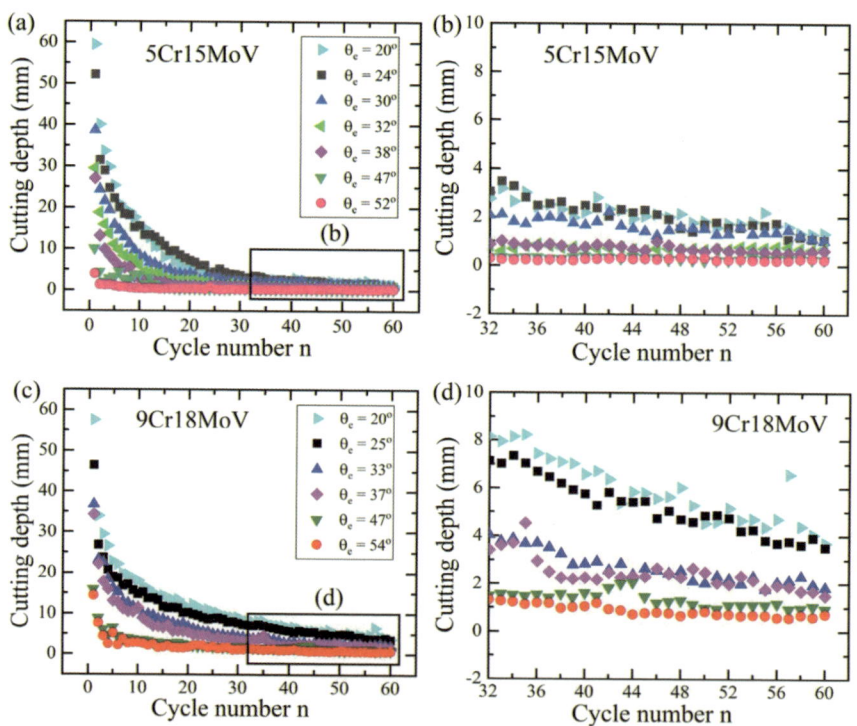

图 5-61 5Cr15MoV 和 9Cr18MoV 刀片的切削深度与切削循环的关系（图片来源：Wu D, Qu S, Zhang Q, et al. A quantitative model that correlates sharpness retention and abrasive wear of knife blades[J]. Wear, 2023, 518: 204634.）

Cutting depth as a function of cutting cycles for blades made of 5Cr15MoV (a and b) and 9Cr18MoV (c and d)

Roscioli 等人对于剃刀失效形式的总结表明（图 5-62），刀片因发丝而产生的崩刃需要同时满足三个条件：一是头发弯曲程度足够大；二是刀刃上的粗糙边缘（包括但不限于加工缺陷、碳化物脱落等）；三是切割位置正好处于粗糙边缘处。一般来说，碳化物可以阻碍磨损。但是存在着碳化物因为受力开裂或者从基体脱落形成额外微裂纹的情况，其进一步以微孔隙的形式打开、聚集，最终导致刀刃崩落。研究同时提出建议，可以牺牲一定的锋利度以减少加工过程中产生的粗糙边缘，或者细化马氏体结构，以延长剃刀的使用寿命。

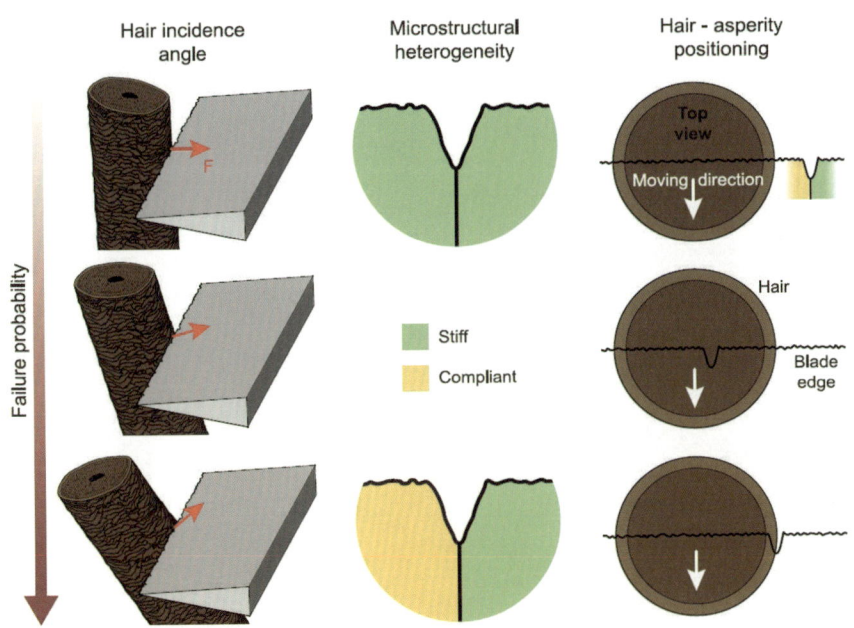

图 5-62 剃刀失效的关键因素（图片来源 Roscioli G, Taheri-Mousavi S M, Tasan C C. How hair deforms steel[J]. Science, 2020, 369(6504): 689-694.）
Critical factors for lath martensite failure upon cutting hair

通过以上我们可以得出对于刀具的使用性能而言，最佳的碳化物应当满足以下几个条件：

◆ 与基体结合力强，不容易脱落；

◆ 硬度足够高，直径为微米或亚微米级，在基体中弥散分布，阻碍磨损；

◆ 性质足够稳定，不容易开裂。

5.4 夹杂物对刀具服役性能的影响 / Inclusions on Knife Performance

如图 5-63 所示，夹杂物是指钢材中的非金属杂质颗粒，其可能来自炼钢过程中加入的合金元素或未完全去除的氧化物、硫化物等。根据《钢中非金属夹杂物含量的测定 标准评级图显微检验法》（GB/T 10561—2023），最常观察到的夹杂物主要分为下列五种类型。

A 类（硫化物类）：具有高延展性，有较宽范围形态比的单个灰色夹杂物，端部一般呈圆角。

B 类（氧化铝类）：大多数没有变形，带角的，形态比小（一般 < 3），黑色或带蓝色的颗粒，沿轧制方向排成一行（至少有 3 个颗粒）。

C 类（硅酸盐类）：具有高的延展性，边界光滑，有较宽范围的形态比（一般 ≥ 3）的单个呈黑色或深灰色夹杂物，一般端部呈锐角；

D 类（球状氧化物类）：不变形，带角或圆形的，形态比小（一般 < 3），黑色或带蓝色的、无规则分布的颗粒；

DS 类（大颗粒球状氧化物类）：直径 > 13 μm 的单颗粒 D 类夹杂物。

这五种类型的夹杂物对于刀具服役性能基本都有负面影响。氧化物夹杂是由于炼钢过程中的氧化反应形成。部分氧化物夹杂呈尖角形态，容易成为应力集中点引发裂纹，导致刀具的崩损。硫化物通常是硫化锰（MnS）。硫化物在热变形时会被拉长，因此硫化物对钢的影响取决于其使用方向。如果钢沿着硫化物方向受到冲击，裂纹更容易沿着拉长的脆性硫化物生长。

夹杂物主要受冶炼质量的影响。其控制方法主要集中在优化冶炼工艺方面，包括：

◆ 采用精炼或电渣重熔等工艺改善非金属夹杂物数量和尺寸；
◆ 在冶炼时加入稀土元素改性夹杂物；
◆ 采用高纯原材料，减少原材料中的有害元素；
◆ 使用特殊冶金工艺，包括电渣重熔、喷射成型等。

图 5-63 60Cr16MoMA 中的夹杂物
Inclutions of 60Cr16MoMA

除了冶炼过程中产生的夹杂，还有一种特殊的夹杂。这种夹杂的产生是由于在热变形过程中钢材表面未清理干净，或者轧辊、锻锤上有异物，导致钢材表面的氧化皮受力被压入基体内部。这类夹杂物在大马士革钢的锻打过程中比较常见，多是由钢材堆叠过程中材料表面氧化皮没有清理干净所致。该类夹杂会引起凹坑、起皮等表面质量缺陷。

5.5 刀具的耐腐蚀性 / Corrosion Resistance of Knives

钢中添加 Cr 后，其耐腐蚀性大大提高。如图 5-64 所示，钢溶液中的 Cr 会形成一层氧化铬钝化膜保护层，防止发生进一步的腐蚀；如果没有这种钝化层，就会形成铁锈（Fe_2O_3），铁锈往往会剥落，钢的腐蚀就会持续。钢中的游离态 Cr 越多，钝化膜就越坚固、越完整。Cr 对于钢的耐腐蚀性影响遵循 $n/8$ 比例，即 Cr 含量为 12.5%、25.0%、37.5% 时，电极电位发生跃升，钢的腐蚀速率发生突降。一般而言，不锈钢中的 Cr 超过 12%。

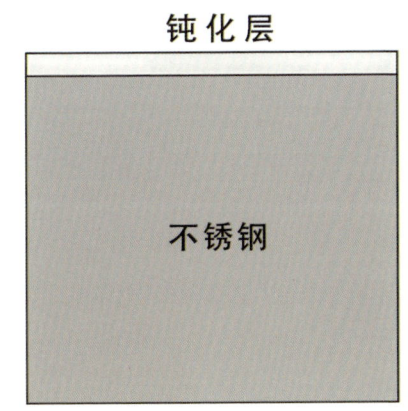

图 5-64 铁锈更厚且更粗糙，而不锈钢的钝化层更薄且稳定
Rust on plain carbon steel is thicker and rougher, whereas the passive film on stainless steel is thinner and more stable

点蚀又称"孔蚀"，产生于金属表面向内部扩展的麻点或点坑，即点状孔穴的局部腐蚀。钢的表面局部区域若失去钝化膜，则易导致该区域快速腐蚀，从而形成点蚀。由于点蚀坑较深，如果不进行重新加工，点蚀可能难以去除。Mo 和 N 可有效抵抗点蚀，比 Cr 更有效。抗点蚀能力由"抗点蚀当量"（PREN）给出：

$$PREN = Cr(wt.\%) + 3.3 \times Mo(wt.\%) + 16 \times N(wt.\%)$$

另一种对耐腐蚀性至关重要的合金元素是 C（碳）。C 倾向于与 Cr 和 Mo 形成碳化物，而当这些元素以碳化物的形式存在时将不再有助于耐腐蚀性。一方面，Cr 与 C 结合后就不能与 O 结合形成"钝化膜"。另一方面，钢材在碳化物处易形成点蚀。

图 5-65（a）所示为三种材料（60Cr16MoMA、5Cr15MoV 和 9Cr18MoV）在 1 075 °C 奥氏体化后低温回火试样的电化学极化曲线，表 5.9 是该三种材料对应的腐蚀电位、腐蚀电流、点蚀电位值。根据《金属和合金的腐蚀 不锈钢在氯化钠溶液中点蚀电位的动电位测量方法》（GB/T 17899—2023），以阳极极化曲线上电流密度 I 为 $100\,\mu A/cm^2$ 时对应的电位值来表示点蚀电位，记为 E'_{b100}。

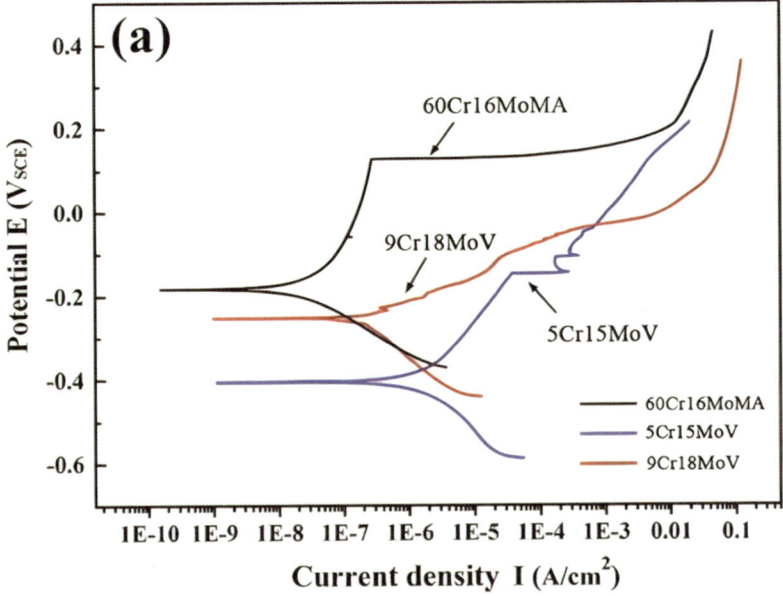
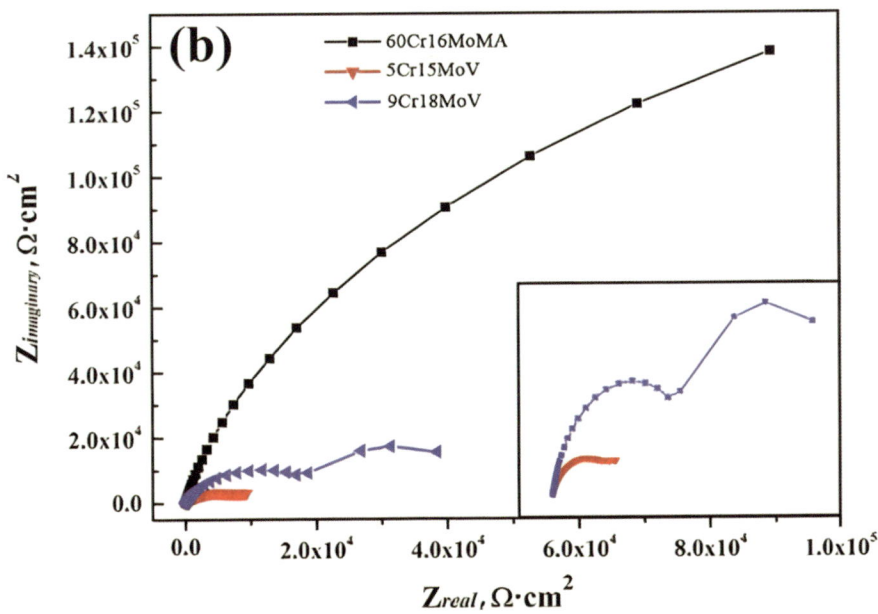

图 5-65 三种材料的电化学极化曲线（a）和阻抗谱（b）
Electrochemical polarization curves (a) and impedance Spectra (b) of different steels

表 5.9 三种材料的电化学参数

Electrochemistry parameters of different materials

电化学参数	牌号		
	60Cr16MoMA	5Cr15MoV	9Cr18MoV
I_{corr} (10^{-7} A)	3.02	27.30	3.63
E_{coor} (10^{-1} V)	−1.83	−4.05	−2.52
E'_{b100} (10^{-1} V)	1.36	−1.47	−0.74

从表 5.9 的数据可以看出，60Cr16MoMA 的腐蚀电位 E_{corr} 最高，腐蚀电流 I_{corr} 最小，且其点蚀电位 E'_{b100} 明显高于 5Cr15MoV 和 9Cr18MoV。说明 60Cr16MoMA 在电化学腐蚀中的耐腐蚀性最佳。在图 5-65（a）中，当阳极的腐蚀电位远小于吸氧电位时，腐蚀电流密度 I_{corr} 迅速增大，表明试样表面的钝化膜被击穿，发生点蚀。60Cr16MoMA 的钝化膜一旦击穿，即发生连续点蚀，而 5Cr15MoV 在钝化膜击穿之后重新发生了再钝化（极化曲线出现"振荡"），之后才最终发生点蚀。对于 9Cr18MoV，在极化曲线上未发现没有明显的钝化区，说明 9Cr18MoV 在电化学腐蚀中随着电位的升高，电流快速增加，腐蚀持续发生，基本没有稳定的钝化膜形成，这可能与 9Cr18MoV 中存在的大尺寸一次碳化物有关。

图 5-65（b）是三种材料（60Cr16MoMA、5Cr15MoV 和 9Cr18MoV）在与极化曲线相同实验条件下的阻抗谱。可以看到，与 9Cr18MoV 不同的是，60Cr16MoMA 和 5Cr15MoV 的阻抗谱在高频区表现为单一电容性，即单一圆弧，其中 60Cr16MoMA 更为明显。在图 5-65（b）中，60Cr16MoMA 的阻抗谱圆弧直径远远大于另两种材料，表明在 60Cr16MoMA 的试样表面形成了结构更为致密、更具保护性的钝化膜。这主要是因为 60Cr16MoMA 中的二次碳化物尺寸较小，在奥氏体化过程中更易溶解，使基体中的合金元素（主要为 Cr 元素）含量提高，增加了其在 Cl^- 溶液中的耐腐蚀性。

图5-66（a）~（c）为三种材料（60Cr16MoMA、5Cr15MoV和9Cr18MoV）电化学点蚀腐蚀形貌中的点蚀坑和碳化物。在60Cr16MoMA和5Cr15MoV中可以看到少量的点蚀坑，9Cr18MoV表面腐蚀严重，点蚀坑深且大，在大点蚀坑附近存在大量小点蚀坑。通常，马氏体不锈钢的点蚀优先发生在碳化物附近，如图中红色方框标记所示。根据图5-66（d）所示的EDS成分分析，结合前述章节的碳化物表征，可知点蚀坑附近的碳化物为富铬$M_{23}C_6$型碳化物。该类型碳化物的Cr含量高，使得碳化物周围的基体出现"贫铬区"，在电化学实验中该处的钝化膜率先被击穿，进而发生点蚀，出现点蚀坑。

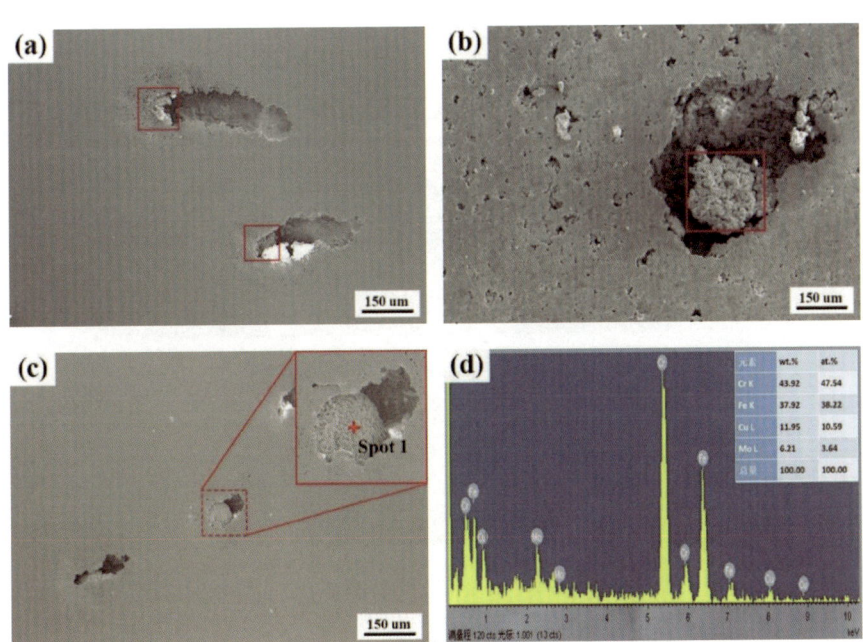

图5-66 三种材料电化学点蚀腐蚀形貌中的点蚀坑和碳化物：（a）5Cr15MoV；(b) 9Cr18MoV; (c) 60Cr16MoMA; (d) 60Cr16MoMA中点蚀坑附近碳化物的EDS成分分析
Pitting morphology and carbides of: (a) 5Cr15MoV; (b) 9Cr18MoV; (c) 60Cr16MoMA; (d) EDS analysis of carbides near pitting pits in 60Cr16MoMA

对50Cr15MoV、90Cr18MoV及60Cr16MoMA进行盐雾加速腐蚀实验。图5-67为72 h盐雾腐蚀宏观形貌，可以看出，随着奥氏体化温度增加，60Cr16MoMA试样表面锈蚀面积呈下降趋势，在1 100 ℃时未见锈蚀。而50Cr15MoV的锈层面积在1 075 ℃和1 100 ℃时无明显变化。相较于另两种材料，90Cr18MoV在所述热处理条件下试样表面均有大面积的锈蚀。

图5-68 为三种材料（60Cr16MoMA、5Cr15MoV 和 9Cr18MoV）72 h 平均盐雾腐蚀速率。可以看出，腐蚀速率随着奥氏体化温度增加而减小，这主要是因为热处理温度增加，碳化物溶解增多，基体中 Cr 元素增加提高了材料的耐腐蚀性。总体上讲，60Cr16MoMA 的耐腐蚀性最佳，50Cr15MoV 次之，90Cr18MoV 最差。

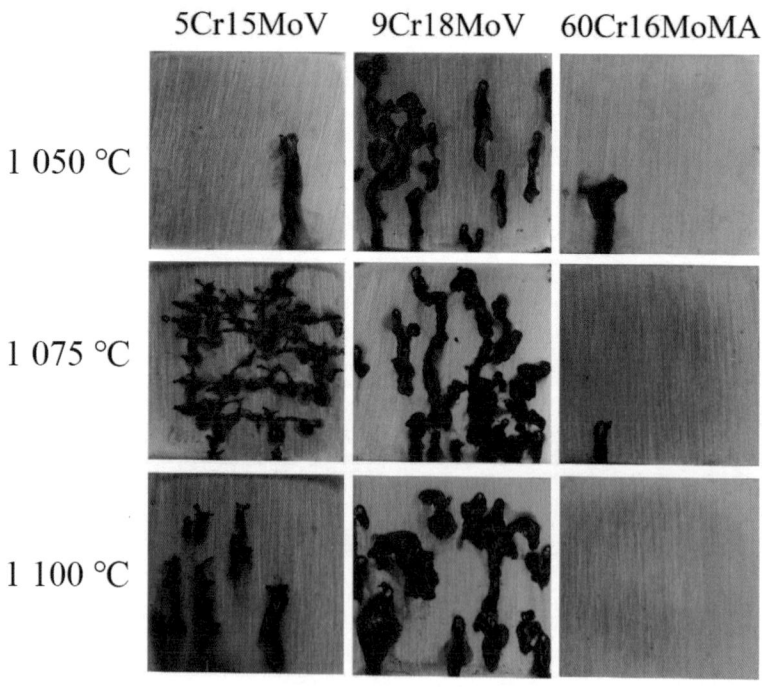

图 5-67 三种材料不同奥氏体化温度的盐雾腐蚀宏观形貌
Macroscopic morphology of salt spray corrosion

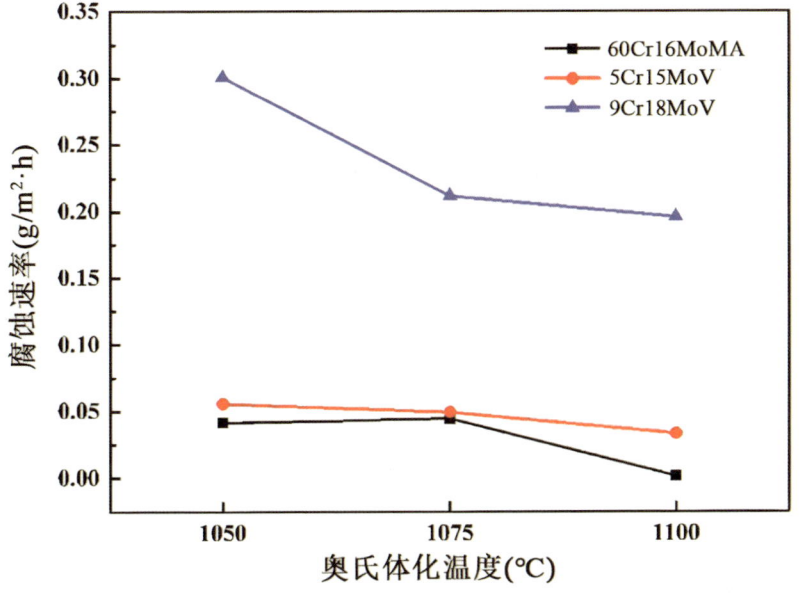

图 5-68 三种材料 72 h 平均盐雾腐蚀速率
Average 72 h salt spray corrosion rate for different materials

收集三种材料（60Cr16MoMA、5Cr15MoV 和 9Cr18MoV）盐雾腐蚀后的腐蚀产物，通过 X 射线衍射（XRD）检测其组成相，结果如图 5-69 所示。研究发现，腐蚀产物的主要组成为 Fe 的氧化物和氢氧化物，另有少量 Cr 的氧化物。为了比较不同材料的锈层组成，对腐蚀产物的组成相进行了半定量分析，详见表 5.10。由半定量分析可知，相较于 90Cr18MoV 和 50Cr15MoV，60Cr16MoMA 的腐蚀产物中含有更多 CrO_3。这可能是因为 60Cr16MoMA 中的碳化物尺寸较小，在奥氏体化过程中更易溶解，使得基体中的 Cr 含量增加。更多的 Cr 元素存在于马氏体不锈钢的基体中有助于形成较厚的钝化膜，使材料具有更好的耐点蚀性能。腐蚀产物的分析结果与电化学实验和盐雾实验的结果相符。

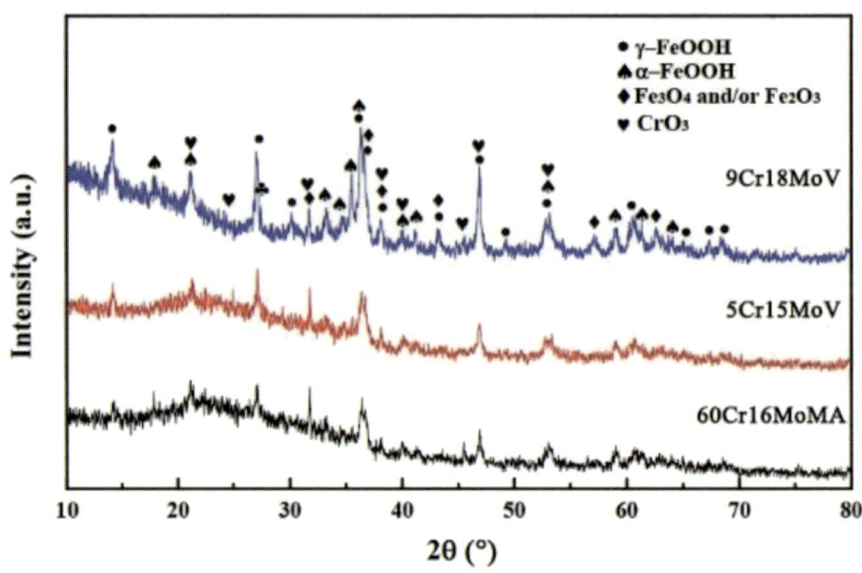

图 5-69 三种材料盐雾腐蚀产物的 XRD 分析结果
XRD analysis of salt spray corrosion products

表 5.10 三种材料盐雾腐蚀产物的半定量分析结果
Semi-quantitative analysis of salt spray corrosion products

牌号	产物成分（%）			
	γ-FeOOH	α-FeOOH	Fe_3O_4 和/或 Fe_2O_3	CrO_3
60Cr16MoMA	47	30	17	6
50Cr15MoV	49	32	15	4
90Cr18MoV	57	26	14	3

在厨用刀具的日常使用中经常暴露在磨损和腐蚀的环境中，从而影响其使用寿命。此外，磨损和腐蚀的协同效应（通常称为摩擦腐蚀）可导致比单独磨损或腐蚀更为严重的材料损失。在这一过程中，钝化膜不断被破坏，加剧了材料腐蚀，同时也导致点蚀更易发生，腐蚀产物也会堆积在刀具表面。这些腐蚀行为降低了刀具的表面质量，使得

微裂纹更容易产生。侵蚀性溶液在微裂纹处聚集进一步促进了点蚀的产生和拓展。这个循环，即腐蚀和磨损的耦合作用，导致刀具的耐用度持续降低。

  厨房是一个很复杂的环境，包括酸、碱以及一些有机物溶液，因而厨房中的刀具的腐蚀机制也因此较理论来得更为复杂。如图 5-70 所示，以 60Cr16MoMA 在青菜汁中的摩擦腐蚀为例，青菜汁中的 H^+ 浓度相对较高，并且可能含有其他侵蚀性离子，对于不锈钢的腐蚀作用更强。因此当不锈钢浸泡在青菜汁中时，其钝化膜溶解和再生过程更为剧烈。然而，在这一过程中还发生了特定有机分子在不锈钢表面的吸附过程，形成了相对稳定的钝化膜。这些有机分子起到了缓蚀剂的作用，提升了材料的耐腐蚀性。

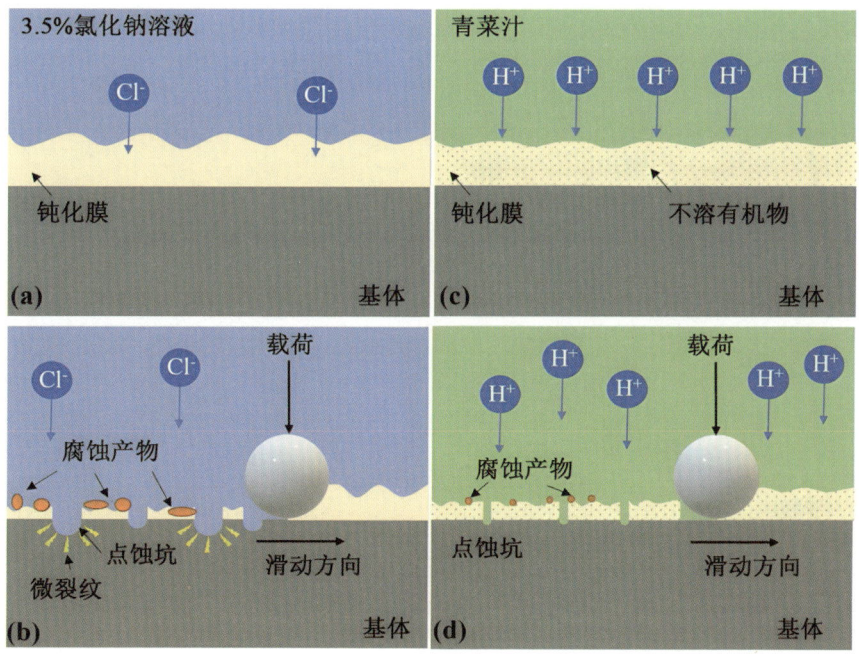

图 5-70 60Cr16MoMA 在 3.5% 氯化钠溶液 (a)(b) 和青菜汁 (c)(d) 中受到的腐蚀
Schematic illustration of the mechanism for corrosion and tribocorrosion of MSS immersed in (a), (b) 3.5 wt.% NaCl solution and (c), (d) pSBC

在滑动过程中，机械去除是材料失效的主要形式。由于腐蚀过程的抑制，60Cr16MoMA 表面形貌变得更加光滑。滑动条件下青菜汁中的有机组分以不溶性复合物为主导，以更加活跃的形式吸附在钢的表面，增强了钝化膜的稳定性和均匀性，提高了钝化膜与基体钢之间的结合强度。在常态载荷下，钢的表面不断受到损伤，钝化膜达到动态平衡状态，机械脱钝化和电化学再钝化交替进行。在青菜汁中生成的钝化膜为马氏体不锈钢提供了更好的防腐蚀保护，减少了材料受到的磨损。

5.6 刀具的抗菌性和抗病毒性 / Antibacterial Anti-viral Properties of Knives

刀具的抗菌性研究是材料科学与微生物学交叉领域的重要课题，也是人们追求美好生活的需要。传统刀具钢以硬度、韧性和耐腐蚀性为核心指标。抗菌刀具钢的研发将微生物防护功能直接融入材料基体，成为刀具抗菌性的坚实基础。

抗菌性的马氏体不锈钢及采用其制作的刀具越来越受到青睐。其抗菌性目前主要通过添加具有抗菌性能的合金元素来实现。各种金属离子抗菌性能顺序为：Ag > Co ≥ Ni ≥ Al ≥ Zn ≥ Cu=Fe > Mn ≥ Sn。金属元素溶出并与细菌接触时，可以使细胞增殖酶失去活性，起到抗菌作用。Ag 的抗菌效果是 Cu 的 100 倍，然而由于添加 Ag 的技术难度较高，分布也不易控制，因此目前应用最广泛的是 Cu 系抗菌马氏体不锈钢。60Cr16MoMA 刀具钢是上海大学 / 上善院高性能钢铁材料团队通过特定的 Ag 添加技术制备的高抗菌性刀具钢，产品的 Ag 含量为 0.015 wt.%~0.025 wt.%。通过电子探针显微分析仪（EPMA，JEOL-JXA8230）表征结果如图 5-71 所示，可以看出 Ag 元素分布均匀。

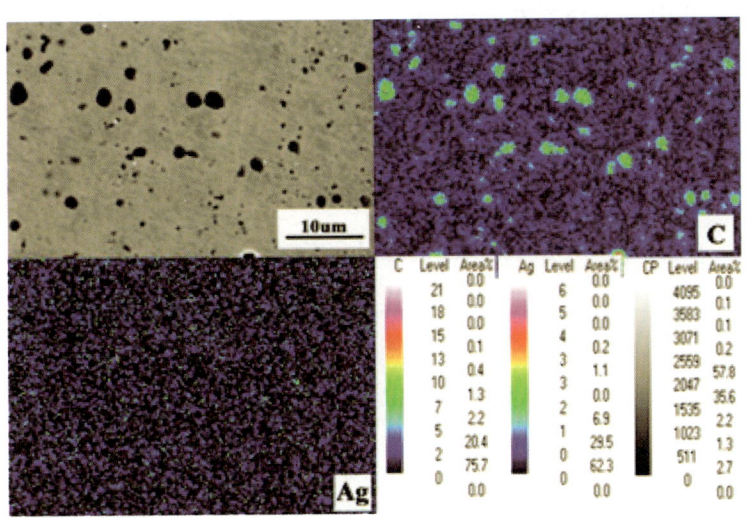

图 5-71 60Cr16MoMA 的电子探针显微分析图谱
EPMA spectrum of 60Cr16MoMA

依据《抗菌和抑菌效果评价方法》（WS/T 650—2019）、《塑料表面抗菌性能试验方法》（GB/T 31402—2015）以及《家用和类似用途电器的抗菌、除菌、净化功能　抗菌材料的特殊要求》（GB/T 21551.2—2010）等标准，对60Cr16MoMA含银马氏体不锈钢进行了抗菌性检测，确保其在实际应用中的安全性和有效性。样品尺寸为 50 mm × 50 mm，将大肠杆菌、金黄色葡萄球菌、白色念珠菌和铜绿假单胞菌分别接种在样品上并以薄膜覆盖，覆盖膜尺寸为 40 mm × 40 mm。大肠杆菌的菌种浓度为 6.3×10^5 CFU/mL，金黄色葡萄球菌的菌种浓度为 6.0×10^5 CFU/mL，白色念珠菌的菌种浓度为 2.8×10^5 CFU/mL，铜绿假单胞菌的菌种浓度为 4.5×10^5 CFU/mL。以上各菌种的接种量为 0.4 mL。

经检测，60Cr16MoMA含银马氏体不锈钢可以有效抵抗大肠杆菌、金黄色葡萄糖球菌、白色念珠菌、铜绿假单胞菌等细菌，抗菌率达到99%以上，抗菌结果如表 5.11 所示。根据 ISO 21702:2019 塑料和其他非多孔表面抗病毒活性的测定标准，对刀具用钢进行抗病毒性检测。肠道病毒 71 型的接种病毒总数为 5.39×10^5 $TCID_{50}/cm^2$，甲型流感病毒 H1N1 的接种病毒总数为 8.13×10^5 $TCID_{50}/cm^2$。

经检测，60Cr16MoMA含银马氏体不锈钢可以有效抵抗肠道病毒 71 型以及甲型 H1N1 流感病毒，对于肠道病毒 71 型，其抗病毒率为 99.52%，而对于 H1N1 病毒，其抗病毒率为 94.19%。抗病毒性能检测结果详见表 5.12。

表 5.11 60Cr16MoMA 抗菌性能检测结果

Anti-bacterial test results of 60Cr16MoMA

试验菌种	对照样 0 小时菌落数 A(CFU/mL)	对照样 24 小时菌落数 B(CFU/mL)	试样 24 小时菌落数 C(CFU/mL)	抗菌活性 (R)	抗菌率 (%)
大肠杆菌 ATCC 8739	2.5×10^5	2.9×10^6	62	4.67	> 99.99
金黄色葡萄球菌 ATCC 6538	2.4×10^5	3.5×10^5	< 10	> 4.54	> 99.99

(续表)

试验菌种	对照样 0 小时菌落数 A(CFU/mL)	对照样 24 小时菌落数 B(CFU/mL)	试样 24 小时菌落数 C(CFU/mL)	抗菌活性 (R)	抗菌率 (%)
铜绿假单胞菌 ATCC 9027	1.7×10^5	5.7×10^5	< 10	> 5.76	> 99.99
白色念珠菌 ATCC 10231	1.1×10^5	1.6×10^5	6.2×10^2	2.41	99.61

表 5.12 60Cr16MoMA 抗病毒性能检测结果

Anti-viral test results of 60Cr16MoMA steel

试验病毒	对照样 0 小时平均病毒总数 (TCID$_{50}$/cm^2)	对照样 24 小时平均病毒总数 (TCID$_{50}$/cm^2)	试样 24 小时平均病毒总数 (TCID$_{50}$/cm^2)	抗病毒活性值	抗病毒活性率 (%)
肠道病毒 71 型	5.39×10^5	2.13×10^4	1.01×10^2	2.33	99.52
甲型流感病毒 H1N1	8.13×10^5	3.80×10^4	2.20×10^3	3.28	94.19

60Cr16MoMA 含银马氏体不锈钢具有两种抗病毒机理：一是通过释放游离于介质中的 Ag 离子来杀灭病毒；二是利用材料表面存在的纳米级 Ag 单质、Ag$_x$S 及 Ag$_x$N 等化合物颗粒来杀灭病毒。Ag$^+$ 在介质中存在氧气和 H$_2$O 的环境下，Ag$^+$ 可与核酸、蛋白质等生物大分子上的特异性位点结合形成复合物，该复合物会持续循环地进行氧化还原反应，从而产生大量的氧氢自由基，自由基具有极强的氧化性，能够对生物大分子的结构造成极其严重的破坏作用，从而灭活病毒等微生物。

如图 5-72 所示,将新鲜草莓样品(去蒂)分别放置在 4Cr13、4Cr14Cu 和 60Cr16MoMA 三种马氏体不锈钢刀具表面进行为期 10 天的感官试验(环境温度 20 ℃,相对湿度 30%~40%),可以观察到,随着时间的推移,草莓逐渐丧失水分,体积缩小,颜色也日益加深。在第 5 天到第 7 天,其边缘会明显卷曲起来,同时呈现出干燥或发霉的迹象。至第 9 天,每一个草莓样品都变得异常干瘪,颜色也变深甚至呈现黑色。

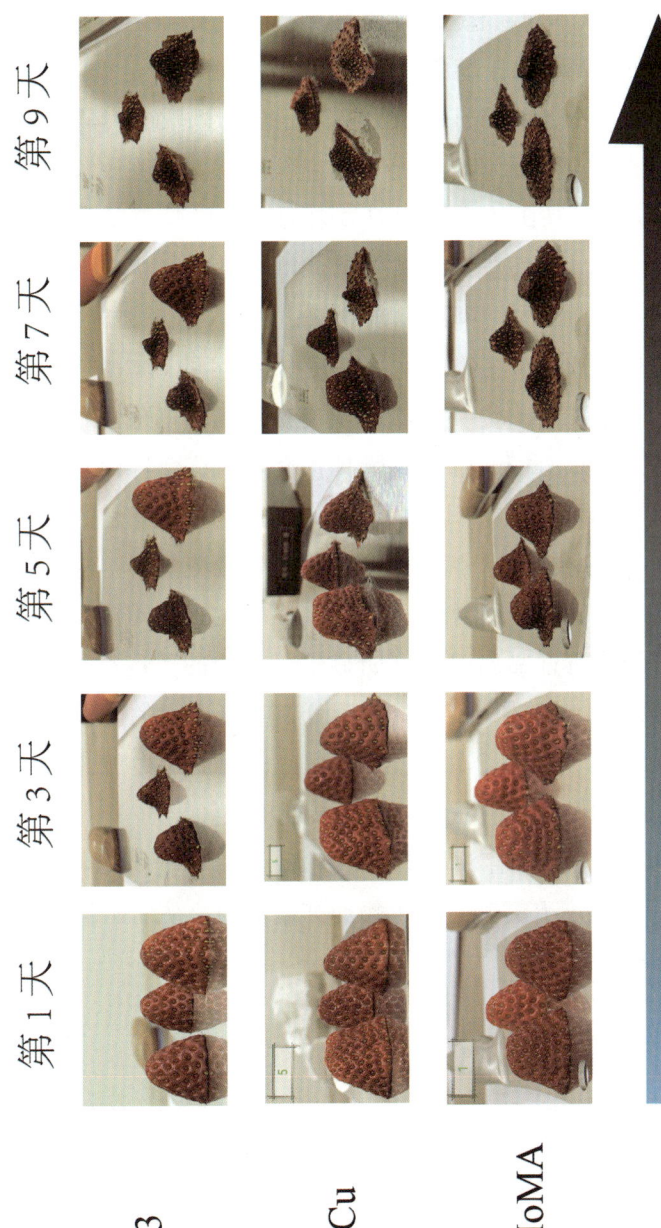

图 5-72 三种马氏体不锈钢刀具的感官试验
Sensory evaluation of martensitic stainless steel knives made from different materials

如图 5-73 所示，从不同翘起位置可观察到，4Cr13、4Cr14Cu 马氏体不锈钢刀具表面的草莓样品于翘曲位置在第四天均可见少量霉菌，但 4Cr14Cu 表面草莓样品霉菌的明显比 4Cr13 表面的要少，60Cr16MoMA 表面的草莓样品翘曲位置边缘仍然保持相对新鲜状态。随着放置时间增加，4Cr13 和 4Cr14Cu 马氏体不锈钢刀具表面草莓样品霉菌数量均增加，60Cr16MoMA 刀具表面草莓样品仍然保持相对新鲜状态。通过观察腐烂和干缩程度的差异，可以发现含 Cu 的 4Cr14Cu 和含 Ag 的 60Cr16MoMA 都能有效抑制微生物的生长，其中含 Ag 的 60Cr16MoMA 的抗菌性优于含 Cu 的 4Cr14Cu，因而能够更有效地延缓草莓样品的腐败进程。已有研究报道，Cu 和 Ag 本身皆具备良好的抗菌特性：当草莓样品切面与含有 Cu 或 Ag 的刀具表面接触时，这些金属元素的离子可通过破坏微生物细胞结构和干扰其代谢过程，降低菌落增殖速度。在相同的环境条件下，相较于不含上述两种元素的 4Cr13，4Cr14Cu 和 60Cr16MoMA 表面的草莓样品腐败程度明显较轻，验证了将 Cu 或 Ag 等杀菌元素引入不锈钢合金中，能够有效降低其刀具表面的微生物负荷并减缓食品腐败过程。此外，由于 Ag 的杀菌作用更加显著，故在 60Cr16MoMA 表面的草莓样品腐烂速率最慢，展现出较优异的抗菌效果。该结果表明，在食品加工及储存领域使用含有 Ag、Cu 等抗菌元素的不锈钢材料，能在一定程度上提升对微生物的抑制能力，从而延长新鲜果蔬类食品的保质期。

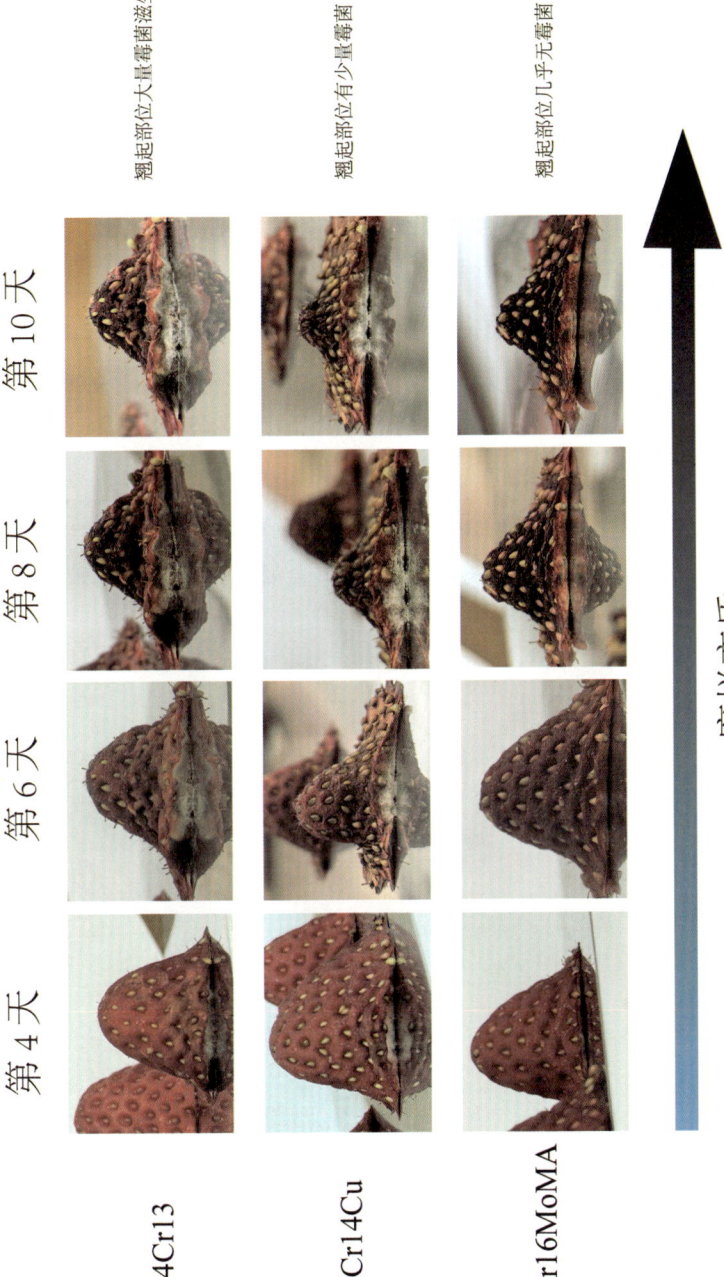

图 5-73 铁锈更厚且更粗糙，而不锈钢的钝化层更薄且稳定
Mold growth process in the sensory evaluation of different martensitic stainless steel knives

刀具服役性能评价 Kitchen Knife Performance

不锈钢厨具凭借其卓越的防腐蚀性和易清洁性，在厨房中占据了重要地位。然而，近年来，重金属过度迁移的问题日益凸显，成为用户关注的焦点，同时也给厨具企业带来了沉重的压力。当不锈钢材质与酸性食物接触时，会析出金属元素（如镍和铬），这些元素被人体吸收并积累，从而对健康构成潜在威胁。探索如何有效避免和减少不锈钢中的金属元素迁移，已成为行业内亟待解决的难题，为此，相关科研院所及检测机构已着手开展了一系列深入研究。

在国家标准《食品安全国家标准 食品接触用金属材料及制品》（GB 4806.9—2023）中，对不锈钢制品中 Ni、Cr 等合金元素的迁移量提出了更为严格的要求。《食品安全国家标准 食品接触材料及制品迁移试验预处理方法通则》（GB 5009.156—2016）规定了食品接触材料的前处理工艺，国家标准《食品安全国家标准 食品接触材料及制品迁移试验通则》（GB 31604.1—2023）规定了各种重金属元素迁移量的仪器分析方法。上述内容有待进一步的研究和探讨。

5.7 刀具服役性能评价总结 / Summary

根据本次"大云锻刀会"的测试结果，碳含量高、硬度高的刀具的锋利度和耐用度好。这一结果与许多因素有关，其中最主要的就是碳化物。一般来说，碳化物与基体结合能力强；碳化物硬度足够高，具有一定尺寸，在基体中分布均匀；性质足够稳定，不容易开裂的碳化物对刀具耐用度可以起到积极作用。最后，让我们来思考以下问题：

1. 碳化物类型、尺寸与锋利度和耐用度的关系？
2. 碳钢及低合金钢的复磨性与不锈钢复磨性的差异，为什么？
3. 刀具类型与刀具钢种类是否存在相关性？

结语

刀具与人们的生活息息相关，其发展也与钢铁技术的进步密不可分。从古代的碳钢到现代的合金钢，刀具钢始终伴随着钢铁科技的演进而不断进步。俗话说"好钢用在刀刃上"，而老百姓真正关心的问题是：哪一种材料才是最佳的刀具钢？

为了解答这一问题，2024年"大云锻刀会"汇聚了碳钢及低合金钢、工模具钢、马氏体不锈钢、超高强度钢四大类共39种钢材。这些钢材通过锻造加工成厨刀，并进行了锋利度、耐用度等性能测试，严格依据厨刀标准进行质量评估。

"大云锻刀会"涵盖了材料选择、厨刀刀坯锻造与热处理、厨刀磨削与测试等多个环节。测试结果显示：

——在锋利度方面，工模具钢制成的厨刀表现最为出色。这与大众对碳钢锋利度的传统认知有所不同。在本次测试中，碳钢及低合金钢的锋利度并未显著优于马氏体不锈钢，而超高强度钢的锋利度则相对较低。

——在耐用度方面，工模具钢再次拔得头筹，其次是马氏体不锈钢。这表明微米级及亚微米级的硬质碳化物对耐用度起到了显著的积极作用。相比之下，碳化物尺寸较小甚至较少的超高强度钢和碳钢及低合金钢的耐用度表现欠佳。

——耐蚀性是厨刀的重要考量因素。马氏体不锈钢在这方面表现优异，因此成为目前厨刀的主要材料。它不仅硬度高、锋利度好、耐用性强，还具有良好的耐腐蚀性和加工性能。

碳钢及低合金钢作为传统的刀具材料，具有材料易得、加工容易、成本低等优点。例如，利用废旧弹簧钢、炮弹钢制作刀具是一种常见的实践。尽管本次测试中碳钢及低合金钢与马氏体不锈钢的锋利度接近，但碳钢的易加工性可能使其在实际应用中更具优势。

超高强度钢通常被认为兼具高硬度和高韧性，是制作刀具的理想材料。然而，在本次测试中，超高强度钢制成的厨刀在锋利度和耐用度方面表现不佳，这可能与其内部纳米级的碳化物等析出相有关，这些细小的析出相对锋利度和耐用度的提升作用有限。

2024年的"大云锻刀会"是一次全新的尝试，展现了现代钢铁材料在厨刀领域的服役性能特点，并努力回答"哪一类钢铁材料最适合制作厨刀"这一问题。尽管如此，活动在刀坯材料的原始状态、刀坯锻造和热处理等方面仍有改进空间，我们期待在下一次锻刀会中取得更大的进步。

从3 500年前铁器的出现至今，钢铁材料始终与刀具的发展紧密相连，并不断演进。我们坚信，作为刀具的主要材料，钢铁材料将持续发展。这种发展的动力不仅来源于各种应用的需求，更源于对物理冶金和化学冶金的深入认知，从而推动更高性能钢铁材料的诞生。这些材料不仅能用于制造最佳的刀具，还能生产出更高性能的机械零部件，为人类生活带来更多便利。

结语

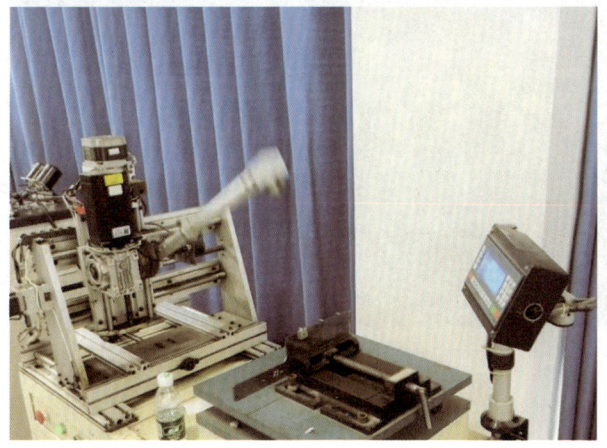

IRON AND STEEL HERITAGE: BLADESMITHING

2024年11月10日在阳江合金材料实验室召开"大云锻刀会"中期讨论会
Mid-term discussion meeting of the MegaCloud Bladesmithing Event held at Yangjiang Advanced Alloys Laboratory on November 10, 2024

2025年1月9日在上善院举办"大云锻刀会"总结会
Participants at the MegaCloud Bladesmithing Event Closing Ceremony held at IAM on January 9, 2025

"大云锻刀会"碳钢及低合金钢锻刀成品
Carbon steel and low alloy steel forged knives

"大云锻刀会"总结会与会嘉宾体验锻刀会成品
The MegaCloud Bladesmithing Event Closing Ceremony : guests experiencing forged knives

抗菌刀、锅、勺厨具 @ 上海大学高性能钢铁材料团队
Anti-bacterial Kitchenware (Knife, Pot, and Spoon) @ ABC Iron and Steel Technology

位于浙江嘉善的上海大学（浙江）高端装备基础件材料研究院鸟瞰图
Bird's Eye View of IAM in Jiashan, Zhejiang

致谢

本书的完成离不开众多机构和个人的大力支持与无私帮助，在此向所有为"大云锻刀会"及本书的出版付出心血的同仁致以最诚挚的感谢！

首先，衷心感谢中国金属学会对"大云锻刀会"的悉心指导，引领活动更加专业。

感谢嘉善县人民政府、嘉善县科学技术局和大云镇政府的鼎力支持，你们的关怀与助力让活动得以顺利开展。

感谢各参会单位和代表提供的优质刀具用钢，这些材料是"大云锻刀"会坚实的物质基础，为实验的顺利进行提供了有力保障。

感谢龙泉市刀剑行业协会、南通非遗传承人"刘桥菜刀"马春芳夫妇对锻刀工艺及技法的悉心指导，传统技艺的传承为活动注入了灵魂。

感谢阳江十八子集团对锻刀会的全程参与和指导，特别是承担了刀具磨削和质量检验的关键工作，为活动的高质量完成提供了重要支撑。

感谢曾纪明、黄远清对本书成稿，尤其是第四章、第五章撰写的专业指导与实践支持，你们的专业见解让本书更加严谨、完善。

感谢阳江合金材料实验室、上善院、上海大学高性能钢铁材料团队的全体职工为"大云锻刀会"的辛勤付出！特别感谢阳江合金材料实验室郭福建博士和上海大学赵洪山副教授在锻刀会策划、组织、锻刀材料收集的全过程中给予的帮助和专业指导，以及上善院实验室蔡周彦、杨贺、夏玉琳、易寒、杨光等工程师在锻刀、材料检测、数据整理和收集等关键环节的精准支撑，你们的付出为本书的成稿做出了重要贡献。

感谢"大云锻刀会"的所有参与者与关注者，正是你们的积极参与和高度关注，推动了刀具用钢的进步与发展。

谨向各位研究同仁致以诚挚谢意！书中引用了诸位的研究成果，这些成果的学术价值为本书提供了重要参考，特此深表敬意与感激。

再次感谢每一位为"大云锻刀会"的举办和本书的出版付出努力的人！

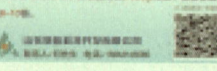

哪种钢是最好的厨用刀具材料？
——《世界金属导报》专访上海大学上善院院长董瀚

在中国金属学会的指导下，上海大学（浙江）高端装备基础件材料研究院（以下简称"上善院"）携手阳江合金材料实验室联合举办了"大云锻刀会"。这场从2024年1月10日启动、于2025年1月9日圆满闭幕的活动，吸引了钢铁生产企业和科研院所的热切关注，汇聚了碳钢及低合金钢、工模具钢、马氏体不锈钢和超高强度钢四大类共39种材料。这些材料经过锻造刀坯、刀坯热处理、刀具加工以及性能检测等一系列严格工序，成就了一场全面且深入的厨刀材料评价活动。其成果不仅呈现出显著的规律性，更为"哪种钢铁材料最适合制作厨刀"这一问题提供了极具价值的实践验证。为深入解读刀具用钢的性能特点，《世界金属导报》记者特别专访了上善院院长董瀚。

Q 请问举办"大云锻刀会"的初衷是什么？

A 刀具与人类的发展和生活质量息息相关，自古以来便是人类智慧的象征。制造一把刀具，涉及金属冶炼、热加工、热处理与冷加工等复杂工艺。从"好钢用在刀刃上"的传统理念，到现代先进工业的精密制造，刀具不仅承载着历史文化的印记，也见证了钢铁技术的进步。

近年来，我国刀具行业发展迅猛，刀具产量和种类位居世界前列，已成为全球重要的刀具生产基地。国内特钢企业如今能够生产多种高档刀剪不锈钢，如5Cr15MoV、7Cr17MoV、8Cr13MoV、9Cr18MoV等。这些钢材在纯净度、均匀度和碳化物控制方面取得了显著进步，但与国外先进产品相比，仍有提升空间。这种材料质量的差距，直接导致了国产刀具与进口刀具在质量和售价上的差异。

为了进一步推动我国刀具钢的技术进步，我们选择了厨刀作为研究对象。在众多刀具中，厨刀是家庭必备工具，与日常民生密切相关，也是钢铁行业优质材料的代表。厨刀用于切割、削皮、剁碎等操作，常用的钢材包括碳钢及低合金钢、马氏体不锈钢和工模具钢。这些材料在硬度、锋利度、耐用度和耐蚀性等方面各有优势。那么，究竟哪种钢铁材料最适合制作厨刀？为了解答这一问题，上善院和广东阳江合金材料实验室在中国金属学会的指导下，联合举办了"大云锻刀会"，以刀会友，评估各种钢铁材料作为厨刀的效果。我们希望通过这次活动，加深对刀具钢的理解，进一步认知刀具服役性能的影响因素，促进厨刀的改进，将钢铁前沿技术真正服务于民生。

Q 请您介绍一下"大云锻刀会"的举办情况。

A "大云锻刀会"于 2024 年 1 月 10 日正式启动，至 2025 年 1 月 9 日圆满闭幕，历时整整一年。在开幕仪式上，我们有幸邀请到南通非物质文化遗产"刘桥菜刀"的传承人、老铁匠马春芳先生和夫人进行首锤，并开展了一场精彩的现场锻刀教学。马春芳先生的参与，不仅为本次活动增添了传统工艺的底蕴，更象征着对古法锻造工匠精神的崇高敬意，展现了锻刀文化与技术的博大精深。

本次大云锻刀会吸引了来自科研院所和钢铁企业等 33 家单位及个人的积极参与，提供了包括碳钢及低合金钢、马氏体不锈钢、工模具钢和超高强度钢四大类共 39 个牌号的钢材，几乎涵盖了所有可用于制作刀具的钢类。这些材料经过刀坯锻造、刀坯热处理等一系列严格工序后，最终由阳江十八子集团有限公司完成了刀具的磨削加工和服役性能检测。检测结果显示了规律性，揭示了锋利度和耐用度的材料学控制原理，为深入理解刀具钢的服役特点及进一步提升性能奠定了坚实的技术基础。

Q 为什么选择上述四种材料来进行评价？

A 根据国家标准《GB/T 40356-2021 厨用刀具》的要求，刀具必须满足硬度、锋利度和耐用度三大性能指标。基于这些性能需求，我们确定了不同类型的钢材进行测评。

为了满足刀具最基本的硬度与锋利度要求，最直接的选择是高碳钢。高碳钢是最基础的刀具材料，通常含有不低于 0.6% 的碳，并添加少量 Cr、Mo、W、V、Nb 等合金元素，总含量一般不超过 5%。这些钢材淬火后硬度可达 60HRC，经过低温回火处理后，可作为刀具使用。碳钢及低合金钢的优势在于：一方面，其成本较同硬度级别的中高合金钢更低；另一方面，由于合金元素含量较少，加工性能更好，便于冷热加工，因此深受手工刀匠的青睐。然而，与中高合金钢相比，碳钢的耐磨性相对较弱。

除了硬度、锋利度和耐用度外，国标还对厨用刀具提出了耐蚀性要求。因此，不锈钢成为厨刀材料的首选。不锈钢通常含有 13% 以上的铬（Cr），可在氧化性介质中形成致密的 Cr_2O_3 表面防护膜，显著提升材料的耐蚀性。刀具用马氏体不锈钢（如 3Cr13、4Cr13、9Cr18 等）含有一定量的碳，这些碳会与铬结合形成硬质碳化物。这些碳化物硬度高，弥散分布在钢基体中，能显著提高刀具的耐磨性和使用寿命。在切割和摩擦过程中，这些碳化物能够有效抵抗磨损，保持刀刃的锋利度，减缓钝化速度。

当目标从厨用刀具拓展到特种刀具领域时，对刀具性能的要求显著提高，特别是在硬度和耐磨性方面，需要满足更严苛的工作条件和使用环境。为此，工模具钢，特别是 Cr-Mo-V 系冷作模具钢成为理想选择。例如，D2 和 M390 等工模具钢被广泛用于制造生存刀、猎刀等特种刀具。然而，这些钢材的高碳含量和铬含量会导致凝固过程中产生大量一次网状碳化物，需要通过锻打、热轧等后续工艺消除。研究表明，高钒含量的工模具钢中，钒的质量分数每增加 1%，耐磨性可提高约 1 倍，但这也导致材料的可磨削性能降低，使得刀具加工中的开刃过程更加困难。

由于刀具对硬度有一定需求，本次锻刀会还尝试使用高韧性超高强度钢作为原材料。参与大云锻刀会的超高强度钢包括低合金超高强度钢、二次硬化超高强度钢和马氏体时效钢等。

刀具钢的主要合金元素包括碳（C）、铬（Cr）、钼（Mo）和钒（V）。此外，为了赋予产品额外性能，如抗菌毒性，还会适量添加铜（Cu）、银（Ag）等合金元素。

Q 那么本次锻刀会上各种材料的实际表现如何？

A 经过锻造、热处理和磨削加工后，由39种不同材料制成的厨刀展现了各异的服役性能。

在锋利度方面，工模具钢制成的刀具表现最为出色。这与大众的普遍认知有所不同，碳钢的锋利度在本次测试中并没有显著优势，而超高强度钢的锋利度则相对较低。

在耐用度方面，工模具钢再次拔得头筹，其次是马氏体不锈钢。这表明微米级及亚微米级的硬质碳化物对耐用度起到了积极作用。相比之下，碳化物尺寸较小或碳化物含量较低的超高强度钢和碳钢及低合金钢的耐用度表现欠佳。

通过对材料成分和服役性能的深入分析，我们初步得出了以下结论：

（1）锋利度与碳含量：锋利度与碳含量呈现一定的正相关关系。高碳含量提升了钢材的硬度，从而增强了切割能力。硬度越高，刀刃在切割过程中抗变形能力越强，越容易切入被切割物体。然而，锋利度不仅受材料自身性质的影响，还与开刃角度等几何因素密切相关，因此并不呈现完全的正比关系。

（2）耐用度与碳含量：耐用度与碳含量也呈现一定的正相关关系。高碳含量提升了钢材的硬度和耐磨性。高碳高合金钢相较于碳钢展现出更优的耐用度，这证明了碳化物对刀具耐磨性的显著提升作用。

（3）硬度与锋利度、耐用度：硬度与锋利度、耐用度之间呈正相关关系。通常认为，硬度越高，材料的耐磨性越好。然而，高硬度的超高强度钢（如A800，硬度60HRC；BKD2400L，硬度62HRC）在耐用度方面并未表现出明显优势。这表明硬度并非决定刀具耐用度的唯一因素。

（4）韧性与锋利度、耐用度：韧性与锋利度、耐用度似乎呈现负相关关系，但这一关系并不绝对。同一韧性等级的材料（如马氏体不锈钢）在锋利度与耐用度方面并未表现出完全一致的规律。因此，韧性与刀具服役性能之间的关系仍需进一步探究。

（5）碳化物的作用：碳化物是决定刀具服役性能的关键第二相。通过对表现优异的刀具进行微观组织分析，我们发现这些刀具的碳化物具有以下共同特点：与基体结合紧密，不易脱落；硬度高且尺寸适中；自身性质稳定，不易开裂。

（6）夹杂物的影响：夹杂物对刀具服役性能的影响大多是负面的。部分氧化物夹杂物呈尖角形态，容易成为应力集中点，引发裂纹，导致刀刃崩损。硫化物也是一种缺陷，需要严格控制。氮的作用则需要一分为二地看待：固溶态的氮通常是有益的，比如阳江材料实验室的 3Cr13N 厨刀表现出色，而析出的氮化物则需要仔细鉴别。

这些发现为理解刀具钢的服役性能提供了重要的理论依据，也为进一步优化刀具钢指明了方向。

Q 下一步有什么计划？

A 2024 年的"大云锻刀会"从最初的创意构思，到方案设计、材料收集、刀坯锻造与热处理、刀具加工以及性能测试等一系列环节，最终顺利完成了全流程，并取得了阶段性的重要成果。这一切，离不开各方的团结协作与共同努力。通过这次活动，我们对四大类 39 种钢铁材料的性能特点进行了全面评估，这不仅帮助我们系统深入地理解了刀具钢的特性，更为未来新型刀具钢的开发奠定了坚实的基础。

在各单位的大力支持下，我们计划在合适的时间再次举办"大云锻刀会"。我们将继续在刀具钢的制备、刀具加工以及刀具的服役性能等方面深耕细作，持续推动刀具钢技术的发展与创新。

参考文献

[1] 赵洪山，滕欢，杨玉丹，等. 国内厨用刀具产业链现状与发展前景分析 [J]. 上海金属, 2020(6): 80–84.

[2] ZHU Q-T, LI J, SHI C-B, et al. Precipitation behavior of carbides in high-carbon martensitic stainless steel[J]. International Journal of Materials Research, 2017(1): 20–28.

[3] YANG Y, ZHAO H, DONG H. Carbide evolution in high-carbon martensitic stainless cutlery steels during austenitizing[J]. Journal of Materials Engineering and Performance, 2020(29): 3868–3875.

[4] 姚迪. 刀剪用高碳马氏体不锈钢生产过程组织演变行为研究 [D]. 北京科技大学, 2016.

[5] ZHANG J, LI J, SHI C, et al. Growth and agglomeration behaviors of eutectic M7C3 carbide in electroslag remelted martensitic stainless steel[J]. Journal of Materials Research and Technology, 2021(11): 1490–1505.

[6] Roscioli G, Taheri-Mousavi S M, Tasan C C. How hair deforms steel[J]. Science, 2020, 369(6504): 689–694.

[7] ZHANG J, LI J, SHI C, et al. Evolution of Eutectic Carbide during M7C3/M23C6 in situ Transformation in Martensitic Stainless Steel[J]. steel research international, 2022(9): 2200231.

[8] 李晶. 特殊钢中碳化物控制 [M]. 北京：冶金工业出版社, 2019.

[9] 杨玉丹. 刀具用高碳马氏体不锈钢的组织演变研究 [D]. 上海大学，2020.

[10] NARAHARI PRASAD S, RAJASEKHAR K, CHATTERJEE M. Influence of Composition and Processing on Properties of Stainless Steels[J]. Advanced Materials Research, 2013(794): 117–123.

[11] Teng H, Qian S, Xie J, et al. Effect of Spheroidizing Annealing Process on

Microstructure and Properties of Quenching and Tempering 60Cr16MoMA Martensitic Stainless Steel[J]. steel research international, 2024, 95(6): 2300781.

[12] Qian S, Teng H, Zhao H, et al. Microstructural evolution of secondary carbides during spheroidized annealing and quenching and tempering in 60Cr16MoMA martensitic stainless steel[J]. Journal of Materials Research and Technology, 2024, 28: 3207-3216.

[13] ZHENG C, FU B, TANG Y, et al. Microstructure and mechanical properties of 9Cr18Mo martensitic stainless steel fabricated by strengthening-toughening treatment[J]. Materials Science and Engineering: A, 2023(869): 144783.

[14] LIU W, GUO F, LIANG S, et al. Evolution of M7C3 carbides near the solidus and the influence of Mn element on the formation of M23C6 carbides in a high carbon martensitic stainless steel 90Cr18MoV[J]. Materials Characterization, 2023(205): 113336.

[15] Xie J, Guo L, Zhu C, et al. Tribocorrosion behavior of martensitic stainless cutlery steel in pressed Shanghai Bok Choy[J]. Corrosion Science, 2024, 228: 111807.

[16] YAO D, LI J, LI J, et al. Effect of cold rolling on morphology of carbides and properties of 7Cr17MoV stainless steel[J]. Materials and Manufacturing Processes, 2015(1): 111-115.

[17] YU W-T, LI J, SHI C-B, et al. Effect of spheroidizing annealing on microstructure and mechanical properties of high-carbon martensitic stainless steel 8Cr13MoV[J]. Journal of Materials Engineering and Performance, 2017(26): 478-487.

[18] ZHU Q-T, LI J, SHI C-B, et al. Effect of quenching process on the microstructure and hardness of high-carbon martensitic stainless steel[J]. Journal of Materials Engineering and Performance, 2015(24): 4313-4321.